科学与未来
丛 书

生物科技的突破口

shengwukejidetupokou

童哲 吉金 著

穿越时空隧道
浏览前人的历程
看科学家们
如何突破生物科技关隘，探索未知

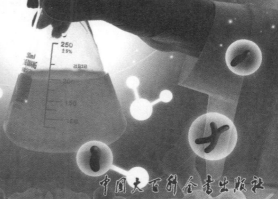

U0256403

中国大百科全书出版社

图书在版编目（CIP）数据

生物科技的突破口／童哲，吉金著． — 北京：中国大百
科全书出版社，2015.6

（科学与未来丛书．第2辑）

ISBN 978-7-5000-9556-9

Ⅰ．①生… Ⅱ．①童… ②吉… Ⅲ．①生物工程—研究

Ⅳ．① Q81-49

中国版本图书馆CIP数据核字（2015）第098605号

责任编辑：徐君慧　　徐世新
封面设计：童行侃
版式设计：童行侃
出版发行：中国大百科全书出版社
地　　址：北京阜成门北大街17号
邮　　编：100037
网　　址：http://www.ecph.com.cn
电　　话：010-88390718
图文制作：北京华艺创世印刷设计有限公司
印　　刷：北京佳信达欣艺术印刷有限公司
字　　数：132千字
印　　数：3000册
印　　张：8
开　　本：720×1020　　1/16
版　　次：2015年6月第1版
印　　次：2015年6月第1次印刷
书　　号：ISBN 978-7-5000-9556-9
定　　价：29.80元

前言

在地球上，无论是在地面、空中、水里还是地下，到处都有生物。人类已发现100多万种动物、40多万种植物及10多万种微生物。

数不胜数、种类万千的生物种类就是生物科学的研究对象。在16世纪的欧洲，生物学开始从哲学、博物学中分离出来，成为独立的学科。1665年，列文虎克发明了显微镜，使细胞的发现成为可能，成为生物学发展的第一个突破口。300多年来，生物学学科越分越细，生物科学的研究成果积累如山。即便如此，我们对生物界的了解仍很不够。

当今我们面临的人口、食品、健康、环境、能源、信息等重大问题，无一不和生物科学技术休戚相关。而且，现代生物科技迅猛发展，正在成为21世纪自然科学领域中的带头学科。为了适应这一趋势和要求，需要有更多的年轻人投身生物科技战线。为此，我们编写了这本书，希望用过去生物科技突破的事例，鼓舞年轻人继往开来、再接再厉，踏上新的征程，以新的、更大的突破迎接生物科技灿烂的明天。

本书是《科学与未来丛书》中的一本，全书分为十部分，选取了进化论、杂交水稻、光合作用、转基

因技术、癌症攻略、生物能源、光控发育、氧化平衡等
重大课题进行讨论，并简要介绍了生物科技明星们的宝
贵经验。

本书供所有对生物学有兴趣的人阅读。

目录

生物学最初的突破——进化论

年轻的生物学家达尔文

千差万别、千奇百怪的众多生物是我们这个星球上最活跃的组成部分。自有人类以来，人就不可避免地和各种生物打交道，在了解、认识、利用和改造各种生物的过程中，人们也在积累着有关的生物学知识。

中华民族早在6000年前就已开始栽种黍、稷、稻等农作物；在2500年前编写的《诗经》中已提到130多种植物；南北朝医学家陶弘景编著的《神农本草经集注》按照植物习性和栽培植物类别，把收录的730种药用植物分为草、木、果、米、谷等部分；明朝中医药学家李时珍编著的名著《本草纲目》则已收录了多达1195种的药用植物。

欧洲被尊称为"植物学之父"的古希腊植物学家泰奥拉托斯在给植物进行分类时就已注意到植物的习性、无限花序和有限花序、子房位置、离瓣或合瓣花冠等特征。意大利植物学家博安于1623年编著的《植物界纵览》收载约6000种植物，仍按习性分类。

而真正的突破是卓越的博物学家卡尔·林奈（1709~1778）完成的，他提出了非常容易而且方便的动物、植物与矿物的新分类法，还提出了分类学类群中有等级和隶属关系的纲、目、属概念。他采用了严格的双名法（即由属名和种名组成一种生物的名字）描述当时所知道的全部植物，于1753年出版了《植物种志》一书，收载了7700种植物，给植物界芸芸众生编写了第一本较完善的"户口簿"。但是，在《植物学的哲学》（1750年出版）一书中，他写道：

"种的数目就等于万能的神在宇宙初创时期所创造的不同的类型，这些类型依照繁殖的规律产生出很多其他的类型，但它们永远是互相类似的。"

18世纪欧洲的宗教势力很强大，大多数人都信奉《圣经》里上帝创造世界万物的说法。关于生物的适应性，当时人们解释说，每一种生物都是上帝为了一定的目的创造出来的。所以，特创论、物种不变论和目的论在社会上占据着统治的地位。

达尔文乘坐的贝格尔号舰

然而生物进化论的提倡者达尔文勇敢地突破了这一樊笼，开创了生物科学的崭新时代。1809年他出生于英国一个医生世家里，大学毕业后他随一艘考察船进行了5年的环球旅行，经过了

贝格尔号舰全球航程图

大西洋、太平洋和印度洋，登上过五大洲的无数岛屿和陆地。在这次旅行里，达尔文进行了广泛的调查研究，观察到了数以千计的生物种类，做了大量的记录，积累了极为丰富的资料。这一时期他并没有意识到自己要在生物进化研究上做出什么突破，只是凭着兴趣在观察世界。之后他逐渐认识到生物界具有缓慢演变的过程。他曾说过："我几乎完全是由于自己独立的思考而拒绝了一般的宗教信仰。"

达尔文在南美洲各地看到，当时活着的生物和当地挖出来的生物化石并不是截然不同，而是大体相同、略有区别；在澳大利亚也发现了类似的现象。在太平洋的加拉巴哥斯群岛（离南美洲西海岸1100多千米），每一个岛上的动物都有各自独特的种类，但所有岛上相关的物种又都彼此相似，并且都属于南美洲的类型。

达尔文在同一个小岛上看到的不同鸟喙

他想如果生物是上帝创造的，上帝为什么这样煞费苦心地在每一个岛上创造出大量的、稍微不同而又都属于南美洲的类型呢？这些使他对于当时流行的特创论、物种不变论产生了怀疑。

环球旅行回来以后，达尔文整理了他搜集来的材料，总结着他的考察收获。这个过程中，经常有一些问题萦绕在他的脑海中：生物是怎样发生变异的？物种是怎样起源的？为了找出问题的答案，他不但研究野生生物的生命现象，而且也关注英国农村动物饲养者和植物栽培者的工作和经验。

自然选择

他首先注意到普遍存在的生物变异性。无论在野生的动植物中，还是在家养的动植物中，同一种类的生物群体内没有两个个体是完全相同的。多数的差异比较小，少数的差异比较大。例如在普通的灰色狼群里，可以遇到黑色的狼；在普通的乌鸦群里可以看到带有几根白羽毛甚至全身白羽毛的乌鸦；在同种的开蓝色花的风铃草和开紫色花的牛蒡丛里，可以发现开白色花的植株。即使在同一胎的家养猫中，也可以看到毛色、毛长、体形大小等形态学性状的不同和生活习性的差异。此外，达尔文还发现了生物变异性的基本规律：相关变异和延续变异。他把生物体内与其他性状变异相关联的性状变异叫作相关变异，例如长颈鹿和涉水的鸟类等长腿动物一定有长颈。

达尔文从观察过的大量事例中总结出，生物在自然界里既然普遍存在着变异性，而大部分的变异又是遗传的，那么在相似的自然条件的作用下，也就是在连续很多个世代的生存斗争之后，带有有利生存性状的生物体更多地存活了下来，而带有不利生存性状的生物体越来越少，甚至逐渐消失。那些有利于生存的微小变异就会一代一代地被保存和积累起来，那些不利于生存的变异就被淘汰掉。他把这一过程叫作自然选择，或适者生存。

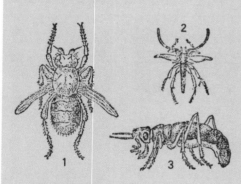

自然选择的例子：生活在经常刮大风的克格伦岛上的昆虫无翅或具有不发达的翅膀

例如，有些岛屿上生活着许多奇异的昆虫，有的没有翅膀或者翅膀极不发达；有的恰巧相反，具有非常发达的翅膀。这是什么道理呢？达尔文了解到这些岛屿上经常刮大风。他认为在这种自然条件下，昆虫只能朝着两个方向发展：一是向着加强翅膀发育的方向发展，这样昆虫才能和风暴做斗争，避免被飓风刮入海中；一是向着减弱翅膀发育的方向发展，这样可以在风暴来临时隐匿不动，便可以生存下来并繁殖后代。后一类昆虫的翅膀在用进废退的自然规律作用下，一代比一代更加退化，最终可能会消失。

在长期的自然选择过程中，凡是具有与环境色彩相似的体色的物种都比较

昆虫适者生存的例子：竹节虫和枯叶蝶

容易地繁殖并存活下来。例如，生活在松树上的松天蛾，外表是褐色的，与树皮的颜色相似。在绿草地上蜕皮长大的蝗虫大多是绿色的，在干旱的枯草地上生长的蝗虫则是土褐色的。章鱼不善游泳，常在海底觅食，也要靠改变身体颜色来适应海底的变化，从而躲避天敌海鳝的攻击。以上这些都是保护色的实例。另外，枯叶蝶、竹节虫、桑尺蠖等昆虫的拟态也是自然选择的经典事例。

适者生存——昆虫的拟态

人工选择

　　达尔文注意到饲养动物的品种都很多。他对家鸽、鸡、兔、绵羊、牛和马的品种都做过研究。据他的调查，家鸽品种有150种以上。例如，英国传书鸽头部具有发育奇特的颗粒状突起，像瘤鼻似的；短嘴翻空鸽的头较小，喙较短，在飞翔时有从空中翻跟斗下来的习性；球胸鸽的腿和翅膀比较长，嗉囊很发达，可以膨胀得很大；毛领鸽颈上的羽毛是蓬乱的，像头巾一样；还有英国扇毛鸽、非洲枭鸽、浮羽鸽等，这些鸽都和普通家鸽有明显的区别。达尔文认为，不管这些家鸽品种之间的差异有多大，它们都起源于同一个物种——野生岩鸽。岩鸽现在还生活在地中海沿岸等地险峻的山岩上。

　　达尔文看到在栽培植物中也有许多品种。例如在甘蓝类蔬菜中，最常见的是圆白菜即结球甘蓝，它的顶芽发达，侧芽被抑制，长成很大的菜球（而且有的是绿色，有的是紫色的）；花椰菜的花部特别发达，其花芽和花柄一起形成肉质的块状，这就是我们餐桌上常常吃到的菜花；而球茎甘蓝（又叫茎蓝）的茎部异常发达，有点像芜菁；西方人常吃的抱子甘蓝是在长高的茎上每个腋芽

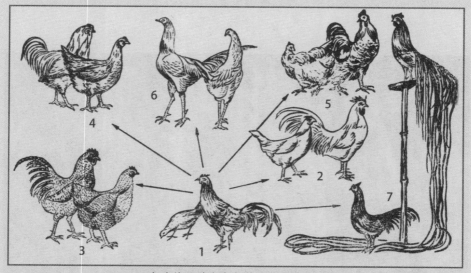

家鸡的品种和它们的野生祖先原鸡

1.原鸡　2.来杭鸡　3.芦花鸡　4.尤尔罗夫鸣鸡　5.九斤黄鸡　6.斗鸡　7.日本玩赏鸡

都长大的小叶球；还有花羽衣甘蓝、皱叶甘蓝、饲用甘蓝等等。所有这些不同的甘蓝品种都是从一种野生甘蓝起源进化来的，这种野生甘蓝不结球，现在还生长在欧洲的西海岸上。

达尔文说过："家养品种最显著的特点之一，是它们不是适应动物或植物自身的利益，而是适应了人们的使用需求或爱好。"他还指出："我们不能设想所有的品种一产生就像现在我们看到的那么完好和有用，事实上，我们知道有许多品种不是那样产生的。产生品种的关键在于人类连续选择的力量：自然不断地提供变异，人把这些变异按照对人有用的方向积累起来。在这个意义上，可以说人为自己创造出了有用的品种。"

人工选择对产生新品种的作用是显而易见的。达尔文曾经写过，在论中国的一部著作中，谈到绵羊品种的改良是由于特别仔细地选择繁殖用的羊羔，给它们吃良好的饲料，并给予个别的管理；中国人把这个原则同样应用到各种植物和果树上。在花卉上也发生同样情况，按照中国的传说，牡丹已栽种了一千四百年，育成了两三百个品种。

达尔文是一位伟大的科学家。他从农业生产实践中总结出了人工选择的科学理论。但是，他受时代的限制（19世纪还没有出现细胞遗传学和分子生物学）还不能透彻地理解生物变异和遗传的真正原因，所以他还不能提出科学的定向改变生物种的原理和方法。

物种起源

在研究物种起源问题的时候，达尔文注意到当时分类学的同一个属内往往包含若干物种的生物，而这些不同的物种常具有特殊的性状，各自适应于一定的生活条件。也就是说同一属内的不同物种存在着性状分歧。

例如，在毛茛这一属里的不同物种的性状分歧使它们各自适应于不同的生存环境。如轮裂叶毛茛浸没在池塘、湖泊的水中生活，全叶毛茛则生活在河

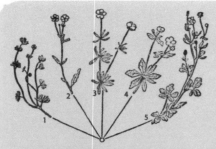

毛茛属植物性状的分歧
1.轮裂叶毛茛 2.全叶毛茛 3.金毛毛茛
4.圆叶毛茛 5.石龙芮

岸、草原的潮湿土地上，金毛毛茛生长在土壤干燥的草地上，圆叶毛茛则适应于在田园或森林中生活。

在动物界，熊这个属里的不同物种在不同的自然环境中生存，也表现出明显的性状分歧。生长在冰天雪地的北极地带，全身披着浓密白毛的是白熊；生长在温带气候森林中，披着长而密的黑毛的是黑熊；而生长在潮湿且温暖的热带森林里，长着短而稀疏的黑褐色毛的是马来熊。

那么，性状分歧现象是怎样发生的呢？达尔文认为在自然界里自然选择就是性状分歧产生的原因。他指出："自然选择时时刻刻在整个地球上考察着最微小的变异；去掉那些不好的变异，保存和积累那些好的变异；不管何时何地只要有机会，它就静静地发生作用，改进生物体使它适应于无机的和有机的自然条件。"自然选择会使种群中微小的变异发展成较大的变异，于是形成了变种。自然选择又继续不断地积累微小的变异，于是变种之间的差别就越来越大。后来由于在不同地域向着不同性状方向发展的变种之间的地理隔离，亦即它们不能交配繁殖后代，使中间的类型逐渐地消失。于是在两个地方相关变种的差异就越来越大，变种就逐步进化成为物种。

所以，在达尔文看来，一切物种都不是特创论者所主张的那样，即由造物者一次并同时创造出来的，而是有的物种出现得比较早，有的物种出现得比较晚，有的物种已经灭绝了，有的物种还在形成中。他认为，变种是物种的开端，物种形成要经历一个相当漫长的历史过程；一切生物都是由共同的原始生物进化而来的；各种不同类

达尔文（1809～1882）

群的生物之间具有各种远近不同的亲缘关系，应该根据生物个体的全部性状（包括胚胎时期的性状在内）来确定它们之间的亲缘关系。这就为自然分类的系统方法奠定了基础。

英国纪念《物种起源》出版的邮票

达尔文在生物学领域做出的革命性突破具有划时代的意义。他的伟大在于他完成了他那个时代一个人所能完成的最巨大的突破。他在1842年就写出了有关进化论的简略的草稿，1844年又完成了较为完善的第二稿。这两稿在他生前都没有发表。1859年11月24日，达尔文的主要著作《依据自然选择或在生存斗争中适者生存的物种起源》第一版终于问世。1873年5月27日，达尔文在回答一名记者关于"毅力及其他？"的提问时，这样说道："这可以用对于同一件事情的严格的和长期的工作来说明，例如，为《物种起源》一书我工作了二十年。"

朝鲜纪念达尔文学说的邮票小全张

关于他自己成功的原因，达尔文曾说过：根据我所能做出的判断，作为一个科学家，我的成功，不管它有多大，是取决于种种复杂的思想品质和条件的。其中最为重要的是，热爱科学；在长期思考任何问题方面，有无限的耐心；在观察和收集事实资料方面，勤奋努力；还有相当好的创造发明的本领和合理的想法。确实使人惊异的是，我所具有的这些中等水平的本领，竟会在某些重要问题上，对科学家们的信念有了相当大的影响。

首次突破的强大生命力

认为地球上所有生命都是由共同祖先进化而来，这种观点不仅是伟大的，而且是极具开创性的，并且还拥有强大的生命力。因为，不但这一论断影响和指导了此后众多生物学分支学科的发展，而且还不断被各分支学科做出的新发现所证实、所发展。

以系统分类学为例，达尔文主张对生物进行分类的一个自然系统应该反映生物之间的进化关系，不同生物的异同，都可以由它们进化关系的远近而得到解释。现在，人们看到一个属的所有物种都有同一个最亲近的共同祖先，再上一层的同一个科的所有物种也是如此，以此逐级类推，就画出了一株基部为一个主干（代表一个共同祖先），越向上分枝越多的生物系统树，亦即进化树。

在比较解剖学方面，达尔文曾写道："用于抓握的人手、用于挖掘的鼹鼠前肢、马腿和海豚的鳍足，都以相同的模式构建，都包括相似的骨头，并位于相同的相对位置上，

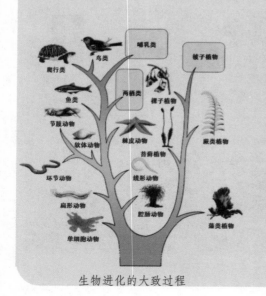

生物进化的大致过程

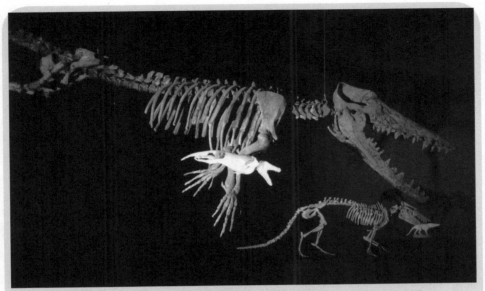

走鲸——今天的海洋哺乳动物鲸鱼和其陆栖四足祖先之间的过渡物种

还有什么是比这更奇怪的呢？"比较解剖学的深入研究揭示了所有的四足脊椎动物都来自同一个祖先，它的足有五趾；在长期的进化过程中，为适应不同的环境，不同物种的动物或者保留了五趾，或者退化掉了部分的趾骨，从而具有了不同的功能。在一段历史时期内有用的器官，可能会在其后的不同环境中退化，这也是生物进化的一种表现。例如，鲸鱼和蛇类体内残存的后肢或四肢骨骼，在洞穴中生活的动物退化的眼睛，人类的尾骨、阑尾、转耳肌等退化器官。难道上帝创造了这样一些显然无用的结构吗？唯一合理的解释是：它们不是创造出来的，而是进化来的。这些结构曾在祖先体内有着必要的功能；但在长期的进化过程中，由于环境、习性的改变而逐渐退化了。

达尔文的进化论在他100多年后兴起的分子生物学和分子遗传学研究中依然保有强大的生命力。现以植物界普遍存在的光敏色素为例进行说明。光敏色素是植物细胞感知环境中光信号的变化，来调节其自身发育的一种色素蛋白复合体（见第三章），它由生色团和脱辅基蛋白组成。历经20年的反复试验探索，直到1983年，美国科学家奎尔的实验室才首次提取、纯化了燕麦黄化苗中的完整的光敏色素蛋白。又继续研究了6年，他们终于获得了直接的实验证据，说明拟南芥细胞中存在5种光敏色素基因（*phyA, phyB, phyC, phyD, phyE*），这些基因的核苷酸顺序在5年内被陆续发表了。此后科学家们又研究了编码这些蛋白多肽链的基因家族的多态性，也就是对不同种类植物的光敏色素基因进行对比研究。

结果发现，在低等的藻类和苔藓类植物中只含有一种光敏色素基因；在其后进化出的蕨类和裸子植物中最多只发现2种光敏色素基因。在高等的被子植物中，含有较少种类的单子叶植物里则存在着*phyA*、 *phyB*、 *phyC*三种基因，没有发现*phyD*、*phyE*基因；而在长期进化过程中发展出的众多种类的双子叶植物里，却发现有5种*phy*基因。这说明随着植物向高级阶段进化，光敏色素基因也发生了变异分离。现有证据表明*phy*的多样化是比单子叶和双子叶植物分离更早的进化事件。由于不同种类的光敏色素的功能不完全相同，所以*phy*基因多样性的研究将为了解植物个体发育和系统发育的关系提供更多的依据。

分子进化

由上述光敏色素基因研究的例子，我们可以看到生物进化的研究已经进入了大分子的时代。分子进化就是用分子生物学的方法在分子水平上研究生物界的演变和发展的历史。

1949年傅罗金首次在蛋白质水平上研究进化的问题。循此思路，产生了20世纪60年代后期广泛使用的同工酶（在不同细胞或细胞的不同部位，其蛋

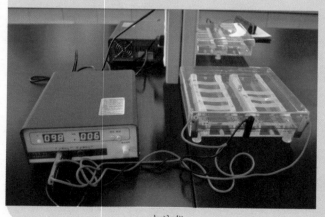

电泳仪

白组成结构稍有不同，但催化功能相同的酶）电泳分析法，用来研究种间等位基因的变异。蛋白质电泳与免疫技术揭示了种间与种内丰富的蛋白质变异，成为研究居群遗传结构的重要

手段。80年代以来，核酸的分离纯化和序列分析方法的建立，聚合酶链式反应（PCR）技术及与其相关的RAPD方法、AFLP方法的应用，计算机相关软件的开发利用以及互联网的建立，使得分子数据的获得和分子数据库的建立成为现代分子进化、系统发育研究的主要手段。

这方面的研究结果表明，分子进化的速率远远高于生物形态、解剖结构和生理功能特征方面的进化速率。例如，在生物界有相当多的酶（约占已知酶类的25%）具有同工酶，许多同工酶起源于等位基因或复等位基因。有些同工酶具有适应意义（即适应某种外界环境或体内变化），而另一些则看不到什么适应意义。有的受同一基因位点编码的蛋白质也表现出多态性。例如，人的血红蛋白阿法链由141个氨基酸组成，已知至少有62个突变；贝特链由146个氨基酸组成，已知其中至少有99个突变。这些突变中大部分没有明显的生物学效应。上述许多突变尽管无害也无利，但仍长期存在于种群内，随机漂变。另外，编码蛋白质的每一个氨基酸残基有多种遗传密码子，它们之间的互变不会改变多肽链中原有的氨基酸种类。还有，在多肽链中性质相同或相近的氨基酸残基的互换，对蛋白质的整体功能一般也没有影响。这说明，在分子水平的生物进化中存在着中性突变。

所谓中性突变，是相对于达尔文主义关于突变的定义而言的。达尔文认为，生物体中发生的突变不是有害，便是有利的，二者必居其一；通过自然选

择，能适应环境的有利变异的生物个体生存下来，并把突变的性状遗传给后代。而木村提出的中性突变学说认为，生物体发生的大部分突变（例如，DNA链里的核苷酸突变或蛋白质多肽链里的氨基酸突变）对生物体既无利也无害，是中性的突变，不受自然选择的作用。这是在核酸、蛋白质水平上解释物种进化的一种理论。实验研究发现，在进化过程中分子突变的速率基本是恒定的。根据不同种类动物血红蛋白的氨基酸序列研究，鲍林认为生物界存在着进化钟（又称分子钟或蛋白钟），其运转速度为每500万年在100个氨基酸残基中有一个被取代。

分子进化研究和传统生物进化研究各具有一定的优势和弱点。作者认为今后应充分发挥这两类研究的优点，综合分析各种实验结果，既重视宏观的，也重视微观的；既重视传统多学科的，也重视大分子层面的研究结果，尽可能科学地、实事求是地重建生物各种大小类群的系统进化树。

杂交水稻横空出世

杂交水稻获奖了

2001年2月19日上午，天安门旁边的人民大会堂里掌声雷动，由国家主席签署并颁发的国家最高科学技术奖授予了中国工程院院士袁隆平。因为他在研发和生产杂交水稻的事业中做出了开创性的贡献。从1976年到2004年，全国累计种植杂交水稻的面积达到60亿亩，累计增产粮食约6000亿千克。2004年一年种植的杂交水稻就有2.5亿亩，占全国种植水稻总面积的59%，杂交水稻占水稻总产量的67%。杂交水稻的成功在很大程度上解决了中国乃至世界的温饱问题，对推动国民经济发展发挥了巨大作用，也因此吸引了世界关注的目光。

"那么，什么是杂交水稻呢？袁隆平为什么会突发奇想要搞杂交水稻呢？杂交水稻技术是怎样取得突破的呢？"

饥饿是自古以来伴随着人类的幽灵。1996年11月13～17日，由联合国粮食及农业组织发起组织的世界粮食首脑会议在罗马举行。会议通过了两个正式文件《世界粮食安全罗马宣言》和《世界粮食首脑会议行动议划》。重申了人人有获得安全而富有营养的粮食的权利，并且确定了要在2015年之前把全世界营养不良的人数减少到目前人数一半的近期目标。2014年9月16

袁隆平的早期工作

日，联合国粮食及农业组织公布的一项报告指出，全球饥饿人口数目10年来减少了1亿人，但目前仍有超过8亿的饥饿人口。目前全世界的饥饿人口大约有8.05亿人，其中大部分营养不良人口位于南亚地区，其次就是撒哈拉以南的非洲地区以及东亚地区。

中国有史以来就是饥荒肆虐的地方，据统计自公元前108年至1911年，中国共发生饥荒1828次，几乎年均一次。最近的一次饥荒发生在20世纪60年代初，一场冒进的"大跃进"运动之后，造成了长达3年的全国性大饥荒，饿殍达百万人之多。我国第一位诺贝尔文学奖得主莫言对此有过描述，袁隆平也有过切身的感受。作为湖南西部山区一个农业学校教师的他，下定决心要通过自己的努力让老百姓不再挨饿。

寻找突破的方向

机会总是青睐有准备的人。1960年7月，袁隆平走过一片稻田时偶然发现了一株生长健壮、穗大粒多的奇异水稻。他把从这株水稻上收集的一千多粒种子第二年种在田里，结果生长情况却出人意料地杂乱无章：植株高矮不齐、成熟有早有迟。失望中他想起了西方孟德尔遗传学的分离律，他现在的结果说明头年那株奇异的水稻必定是一个杂种，杂种的后代才有这样的性状分离！在遗传上相距较远杂交而成的杂种的生命力一般比较强，而杂种优势可以为农民带来高产优质的农产品已是没有争议的共识。由此，袁隆平确定了要搞杂交水稻的研究方向。

从哪里下手呢？他从湘西的雪峰山下跋涉几天自费来到北京，又请教专家，又进图

水稻形态解剖图

书馆查找外文资料，进行了课题的调研。之后他决定从寻找天然的雄性不育株开始。因为水稻本来是自花授粉的植物，每一朵稻花里雄蕊的花粉落在自己花的柱头上，就会受精产生种子。要想生产杂交种子，就必须首先得到雄性败育后只剩雌蕊的母本材料；母本只要接受其他品种或亚种水稻的异花授粉，就能产生杂交种子。为此，他年复一年地顶着烈日、冒着酷暑在水稻扬花季节泡在水田里，细心地观察着一棵又一棵的水稻，寻找那变异的小花。经过3年的寻找，在1964年7月25日午后2点25分，他终于在洞庭早籼稻田里发现了第一株天然雄性不育株。

突破三系法杂交稻

袁隆平有了雄性不育系作基础材料，还要设计制作杂交水稻种子的技术路线。由于不育系不能通过自花传粉繁殖自己，因此还必须找到一个能使其不育性能一代一代保持下去的特别的父本品种，称为雄性不育保持系。同时为了得到供给农民使用的杂交稻种子，还要找

袁隆平与同事

到另一个适当的父本品种，其花粉授给不育系后产生的杂种植株的雄性恢复正常，能自交结实，且表现出优质高产的品质，这个父本叫作雄性不育恢复系。把不育系、保持系、恢复系这三个品种都找到，也就是三系配套，就是袁隆平下一步的任务。

经过两年的盆栽实验，袁隆平看到了他们进行的人工杂交结实率可高达80%，甚至在90%以上，经杂交繁育出来的后代，有的继续保持了其母系亲本的雄性不育特性。他把这些数据加以整理分析，写成一篇论文，发表在中国科学

院院刊《科学通报》上。幸运的是，他得到了国家科委（今科学技术部）的支持，才使他免受"文化大革命"的冲击，并配上两名助手，成立了"水稻雄性不育科研小组"。从1967年起，杂交水稻的研究才从袁隆平个人教学之余的副业，变成了正式的研究课题。

可是，好事多磨啊。从1964年发现第一棵雄性不育株以后的6年里，他们先后用1000多个品种的常规水稻进行了3000多个测交和回交试验，始终没能找到一个能使它们的不育系后代达到100%雄性不育的父本水稻。这就意味着始终未达到实际应用的水平。怎么办？一方面参考美国杂交高粱成功的著作，一方面苦苦地思索，经过回顾、质疑、比较和借鉴，袁隆平决定尽快去找野生稻不育株，用远缘的野生稻与栽培稻进行杂交，来打破科研的僵局。

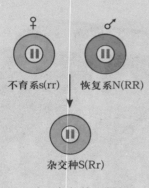

不育系s(rr)　　恢复系N(RR)

杂交种S(Rr)

三系法杂交稻示意图

果然，在这新的思路指引下，他们在海南岛的湿地里发现了雄性败育的野生稻（简称"野败"），并立即与试验田里仅有的籼稻品种广矮3784进行杂交。连续4天，共人工杂交8个组合、65朵小花，后因麻雀啄食，最后只得到3粒珍贵的种子。但是它们却表现出非常好的雄性不育保持功能。由此真正打开了三系配套的突破口。

科研的征程没有坦途，科研的攻关永远没有尽头。因为野败不育株除不育性很好外，其他性状都达不到实际生产的要求。袁隆平决定要通过一次又一次的组合繁殖、更新换代，既把野败的不育基因转入栽培稻，又进而培育出具有优良特性、符合生产需要的不育系。为了加快实现三系配套，他们又到属于热带地区的海南省三亚郊区，在艰苦的条件下，利用冬季增加一代杂交和繁殖选种的工作；同时无偿地奉献出野败材料，开展全国的大协作。仅仅1971年一年，全国各地的一百多名科技人员，就使用了上千个品种，与野败进行了上万次回交转育。袁隆平、周坤炉等育出了"二九南一号"、"威20"不育系和保持系。但是，恢复系仍然没有找到。

除了自然界的难题之外，杂交水稻的开拓者还必须与生物学、遗传学界的理论束缚和学术偏见做斗争。有人说"自花授粉的农作物自交不退化就说明杂交没有优势。研究杂交水稻毫无意义"，"袁隆平等人60年代搞的不育材料，易找恢复系，但没有保持系；而现在的野败不育材料正好相反，虽然获得了保持系，但不一定

袁隆平在水稻田间考察

找得到恢复系"，"水稻即使有杂种优势，也只能表现在稻草上，而不在稻谷上"。面对这些怀疑论的观点，袁隆平知道只有不断地试验才能创新，才能开创杂交水稻的新局面。

在20世纪70年代初的几年里，各地的科技人员广泛选用长江流域、华南各省，甚至东南亚、美洲等地的各种水稻品种，进行大量的测交筛选，找到了100多个具有恢复能力的品种。袁隆平等人率先在东南亚的品种中找到了一个优势强、花药发达、花粉量大、恢复率在90%以上的"恢复系"。就这样，在1973年实现了三系配套。

1974年袁隆平又布置了多点试验，在安江农校试点，他们的强优势组合"南优2号"作中稻亩产628千克；作双季晚稻栽种了20多亩，亩产511千克，比普通的常规水稻都增产30%以上。事实胜于雄辩，杂交水稻终于试验成功了！从最初一个人在朦胧中摸索到有学生志愿参加当助手；从自费业余搞试验到领导支持建立课题组；从寻找天然不育系到发现野败不育株；从测交找

袁隆平正在观察杂交稻结实

到保持系继而又找到恢复系；从杂种长稻草的优势到长稻谷的优势，袁隆平虽过五关斩六将，但并没有自满而停步不前，他知道前面还有推广的难关等着他去突破。

是啊，最初的杂交稻种子每亩田只收获了5.5千克，制种产量低，导致杂交种子成本太高。可是如果杂交种子售价太贵，农民们就不会接受。经过测算，只有达到每亩生产40千克杂交稻种子，农民买去种植才能增产，并增加收入。于是又一轮新的设计和实验开始了。袁隆平的团队细心地观察不育系母本和恢复系父本的开花习性、寻找其叶龄与花期的关系，推算从播种到开花的天数。然后安排父本和母本分期播种、分垄间种，使它们花期相遇（在同一时间开花）又相邻。再加上一些人工辅助措施（如割去阻挡授粉的剑叶、用长绳或竹竿播散父本的花粉到母本的柱头上）大大增加授粉量，终于使杂种种子产量达到了设计的期望值。

1975年冬季，湖南省在中央的支持下组织了8000人到海南岛去制杂种。制种面积达到了3.3万亩，利用海南丰富的光温资源，加代繁殖了大量种子，例如衡阳地区制种队8000亩制种田，亩产达55千克。部分制种田最高亩产有150千克。参加制种的各地技术员回到家乡后，就成了推广杂交水稻的骨干力量。

1976年，杂交水稻开始在湖南省大面积推广，其中衡阳地区改种的52万亩杂交晚稻南优2号，平均每亩增产30%。当年，全国各地也都试验推广了杂交水稻，总面积有208万亩，增产都在20%以上。经过16年坚持不懈、艰苦卓绝的努力，以及不断突破和拓展，杂交水稻终于从袁隆平一个人的理想变成了亿万人的现实！

突破两系法杂交稻

在三系法杂交稻受到广大农民的热情欢迎，有如燎原烈火迅速推广，取得一个又一个水稻高产新纪录的几年里，袁隆平并没有停滞不前。他以一分为二的辩证唯物主义观点审视着自己的成功。为了更高产，他自觉主动地找出杂交水稻技术不够完善的地方。他指出，现有的杂交组合还有"前劲有余、后劲不足，分蘖有余、成穗不足，穗大有余、结实不足"的缺点。另外，三系法杂交稻虽能增产，但在制种过程中仍存在着父、母本配组不自由，种子生产环节多等缺点。

山重水复疑无路，柳暗花明又一村。1973年湖北省的一个农业技术员石明松在粳稻农垦58的田里，偶然发现了一株奇异的水稻：同一株上有的穗上结实，有的穗上不结实。具有强烈好奇心的他想知道为什么，便把这稻株上的种子带回家栽种，第二年

开展两系法杂交水稻研究

在自家门口的盆栽中又看到了同样的结实现象。于是，他在之后的几年里陆续做了施肥、灌水等不同单因子变量的试验，结果没有发现这些单因子对这个奇

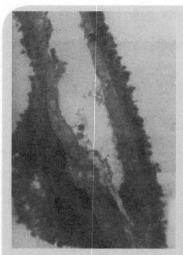

两系法杂交稻母本花药在夏季长日照条件下花粉败育(示电子显微镜下的畸形化花粉)

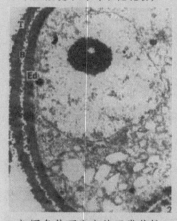

相同条件下发育的正常花粉

异的结实现象有影响。他没有灰心，又做了不同播种期的试验，终于发现了这个天然突变株花药和花粉的发育与季节的变化有关：在长日照（每天日照的时间比较长，如13～15小时）的夏天，它雄性败育，不结实；在短日照（如9～11小时）的秋天，它雄性发育正常，可以结实。这就是对光周期（每天日照时间长短）敏感的雄性不育水稻"农垦58S"。

袁隆平和石明松敏锐地意识到这一自然界的赠予所具有的巨大经济意义。他们在国家高技术研究发展（863）计划的资助下，从1988年起又开始了下一轮突破两系法的新征程。因为粳稻"农垦58S"在夏季长于14小时太阳光照的自然条件下，雄性败育彻底，所以可以把它作为不育系母本，广泛测交筛选恢复系；在秋季或春季日照较短时，它的雄性发育良好，在自己花内给雌蕊授粉就可结实产生种子。这样就省去了三系法中的保持系。

袁隆平审视并总结了20世纪80年代及以前国内外的各种育种实践，于1987年发表了一篇重要的学术论文"杂交水稻育种的战略设想"。他在这篇论文中提出杂交水稻育种可以分为三个战略发展阶段：三系法利用品种间杂种优势，两系法利用亚种间杂种优势，一系法利用远缘杂种优势。

就在用两系法选择实用不育系的起步阶段，1989年夏季长江中下游地区突遇罕见的连阴雨低温天气，致使绝大部分母本不育系恢复雄性可育，使试制杂种种子失败。为什么会失败呢？再通过人工光温处理和自然条件下分期播种试验，结果发现温度是光周期敏感不育系育性变化的重要影响因素，而"安农S-1"等温敏不育系的育性变化更是主要地受温度调节。由于自然界气温变化频繁、变化幅度较大，无法人为调控，因此难以解决两系杂交稻制种的安全性和不育系繁殖稳定性的问题，部分学者对两系法能否应用于生产有了怀疑，甚至放弃了该项研究，两系法杂交水稻研究陷入低谷。

但是，袁隆平和他的战友们不怕困难，没有气馁，而是进行了更细致、更广泛的试验。为克服光温敏不育系因为不育临界温度较高而难以应用的弊端（即偶遇大气温度降低，便有一部分恢复育性，从而导致杂种种子纯度下降），

在希望的田野上

开展了多年多点不同生态条件下和人工光温条件下的不育系育性转换特性研究。大家发现了光温敏不育系的育性转换与光周期和温度变化的关系；确定了雄性可育的最低温度、败育的最高温度和光敏感的温度范围；探明了育性转换对温度的敏感部位是水稻的幼穗，而育性转换对光照的敏感部位是叶片以及不育系对温、光最敏感的发育时期。在此基础上，又创立了实用光温敏不育系选育理论和鉴定技术，指导育成了一百多个不育系应用于生产。其中，籼型温敏核不育系"培矮64S"的选育成功就是第一个成功的例子。

针对光温敏不育系（即杂交母本）种子大规模地繁殖有许多困难，不能满足生产应用大量需求的问题，研究两系法的各个单位科研人员八仙过海、各显神通，在各省各地做了大量的田间对比试验。总结出了在低纬度的海南进行冬季繁殖、在高海拔的自然低温下进行夏季繁殖、在夏秋两季常温下补加水库底部的冷水灌溉等繁殖技术，实现了不育系周年规模化繁殖。这一套技术具有高效、简便、实用、成本低的优点，满足了两系杂交水稻大面积制种对不育系的

需求；同时，为两系杂交水稻规模化种子生产奠定了坚实基础。为了提高制备杂种的安全性，免受水稻群体不育临界低温遗传漂变的干扰，袁隆平团队又建立了核心种子与原种的生产技术。

在两系法杂交水稻理论与技术体系指导下，全国已育成实用不育系170个，杂交组合528个。截至2012年，两系杂交水稻已累计种植4.99亿亩以上，稻谷总产量2358亿千克以上，增产稻谷111亿千克；总产值5777.6亿元，增加收入271.9亿元（按稻谷价格2.45元／千克计）。目前，全国年度推广面积最大的前3名杂交水稻品种都是两系法杂交稻。此外，两系法杂交稻技术引入美国后也得到迅速发展，现在已占美国水稻总面积的1/3，达到600万亩以上，比当地的主栽品种增产21%～40%。这说明，两系法杂交水稻是继我国三系法杂交水稻后又一世界领先的原创性重大科技成果，为保障我国和世界粮食安全提供了新方法和新途径。

攻克超级杂交稻

为了进一步增加产量，袁隆平和他的合作者在两系法杂交稻技术的基础上又创立了超级杂交稻育种技术。这一技术主抓三个方面：1.进行稻株形态改良。其标准是高冠层矮穗层，即植株冠层高120厘米左右、成熟稻穗顶部距地面60～70厘米；上部三个叶片形态应是长、直、窄、凹、厚；中大穗，每穗5～6克重，每平方米有250～300穗；有很好的抗倒伏能力。通过形态改良，把高生物学产量、高收获指数与高度抗倒伏三者之间的矛盾较好地协调起来，从而实现超高产。2.亚种间杂种优势利用。利用广亲和基因克服籼

向超级杂交稻发起冲击

让杂交水稻走向全世界

稻和粳稻品种之间的不亲和性，或用具有籼、粳混合亲缘的中间型优质材料作亲本选育亚种间杂交组合。3.利用野生稻有利基因选育超高产杂交组合。

在这一技术的指导下，分别于2000年、2004年实现了我国超级稻育种计划第一期每亩生产700千克和第二期每亩生产800千克稻谷的育种目标。"两优培九"、"淮两优57"、"淮两优1141"、"培两优3076"等15个两系杂交稻都已被国家农业部确认为超级稻主要推广品种。把优质高产的超级稻种子培育出来已是前无古人的重大突破，但是，这只解决了良种的问题。要想得到超高产的稻谷，按照袁隆平的说法，还必须要有优质、肥沃的稻田，先进的栽培技术和良好的管理方法，让良种稻苗在最合理的生长密度下，得到最合适的肥料供应、水层管理和病虫害防治，甚至还需要良好的气候配合，良种

在稻瀑前奏响凯旋曲

袁隆平和本书作者童哲在湘西考察时

才能更充分地发挥出它的全部潜能，真正实现超高产。

2011年9月，国家农业部派出的专家组来到了湖南省隆回县羊古坳乡雷峰村，现场组织指导对袁隆平院士研制的"Y两优2号"杂交稻进行收割验收作业。专家组对18块试验田共107.9亩的水稻田，现场随机抽取了2、5、8号试验田，进行人工开镰、打谷脱粒、装袋称重。现场验收的结果是：这里超级稻的平均亩产是926.6千克。2012年1月，"超级杂交稻百亩示范平均亩产900公斤"被中国科学院、中国工程院和中央电视台评选为2011年中国十大科技进展新闻之一。

2012年9月，湖南省农业厅组织专家对湖南省溆浦县横板桥乡的两系杂交稻组合"Y两优8188"百亩示范片进行实测验收，平均亩产917.7千克。我国超级稻育种计划第三期目标亩产900千克的指标连续第二年再次被突破。

光控生长发育、形态建成

向光性生长

　　大家都知道，我们人类社会已经进入了一个信息化的时代。电报、电话、电视早已普及，虚拟的互联网也正在迅速地渗透到每一个角落，可以说我们每个人的工作和日常生活都离不开外界的信息了。

　　同样地，为了更好地生长发育，所有的生物都需要感知和处理周围环境中的各种信息。而植物是固定在一个地方生长的生物，它们不能选择环境，只能进化出更加有效地适应环境的本领，才能更好地生存。在所有的环境因素（光、温、水、土、气等）中，光对植物的发育具有最大且最深远的影响。光不但为植物提供光合作用所需要的无穷无尽的能量，而且还可以作为特殊的信息让植物发育得更加茁壮健康。那么植物是怎样利用光信号的呢？

各种探索积累了初期的资料

早在19世纪，达尔文和他的儿子就对植物器官的运动有很大的兴趣，并进行过系统的研究。向光性是其中一个重要的内容。植物的向光性就是植物感知光线照射来的方向（即感知不同方向光辐射的强度对比）从而进行弯曲生长的能力。

通常用燕麦幼苗胚芽鞘来研究向光性。胚芽鞘是禾本科植物（谷物和牧草）种子萌发后向上生长的圆锥状的鞘，它包围着中间的幼叶，对光线特别敏感。它和各种植物茎尖的向光性是正向光性，即向着光生长。利用溶液培养法栽培的植物，根尖往往向光照相反的方向弯曲生长，这就是负向光性。许多植物的叶片也有横向光性反应，就是使叶片垂直于光照方向，从而使叶片得到尽可能多的阳光。

除了光照的方向之外，光照提供给植物的信息还有光照的强度、光照的质量和光照时间的长短。实际上，各种植物对这4种光信息都有敏锐的反应。人们在早期的试验中已经观察到，虽然强光能供给植物更多的光能，积累更多的光合产物，但它们往往比在弱光下生长的植物更矮一些。例如，在空旷地上生长的野苋菜都比较矮壮，而在树林阴影下的野苋菜生长得都细高一些。这就是植物的避阴反应：在阴暗处植物以这种延长茎生长的反应争取后来者居上，使自己能接受到更多的阳光。

光照的质量就是指不同颜色的光

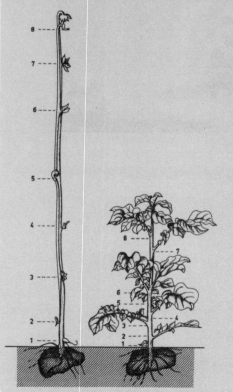

黑暗和光下生长的马铃薯幼苗

照，实际上就是不同波长的光辐射。当白光（波长320~760纳米）通过大型棱镜射出，就被分解为波长各异的不同色光。在早期研究中人们了解到短波长（400~500纳米）的蓝光抑制植物生长的能力比较长波长（630~680纳米）的红光要强得多。而且，蓝光引起的向光性反应也比红光强得多。

光周期的发现

近100年前，美国农业部贝尔茨维尔研究所的伽纳等人研究烟草栽培与环境因子的关系，当时使用的试验材料是一个新品种"二马"，株高可达4~5米。其茎上生长着非常多的大型叶片，因此作为香烟的原料，得到了很高的评价。但遗憾的是，在田间栽种时它不能开花结籽，只能在寒冬来临之前将它移入温室，在那里繁殖种子。而随着春季的到来，"二马"又逐渐变成只长叶不开花了。这是为什么呢？伽纳想到了莫尔斯的大豆实验中出现的一个有趣的现象，实验报告曾说，当把某一大豆品种分不同时期依次播种时，到了晚秋却同时开花结籽，而和播种期完全无关。

这些现象的原因是什么呢？伽纳等首先想到的是温度的影响，是不是晚秋至冬季的低温诱导了植物开花呢？他们就从初秋到晚秋把大豆移入有较高温度的温室中栽培，结果都可以正常开花。因此了解到，秋冬温度下降与成花没有直接关系。另外，从秋到冬，太阳光的强度逐渐减弱，这与成花是否有关呢？他们又用各种细网眼布遮蔽植株以降低光强，研究对成花有什么影响。结果发现，因遮蔽而减弱光强的植株与未遮蔽的对照相比，茎变得细长、叶片变大、豆的产量减少，但是开花期却完全相同。所以，光强对花的诱导也没有影响。

还有什么因素与秋冬季节变化有关呢？他们又想到随季节变换而发生变化的白昼时间与夜晚时间，即每天当中日照长度的季节变化是否与成花有关呢？他们最初的试验是在1918年7月开始的。为了改变日照时间长度，他们制作了一个简易的暗箱，可以把植物搬进搬出。试验材料是烟草和大豆。试验中把日照

生物科技的突破口

对可移动的水稻盆进行光周期处理

在暗室中用荧光灯照明延长光照

时间缩短为7小时或更短一些，结果发现大豆和烟草的成花期明显提早。这个预备试验的意外发现为深入研究提供了一个极佳线索。

第二年他们做了更多的试验，试验的日照长度为每天5、7、12小时。试验材料以大豆为主，有一个早熟、两个中熟和一个晚熟的，共4个品种。当把这4个大豆品种在5月中旬同时播种栽培时，在自然日照条件下它们从播种到开花的时间分别为27天、56.5天、69.5天和100天。即早熟的开花最早，在6月中旬；而晚熟的在9月初才开花。但是，当缩短日照时数时（5、7或12小时），早熟种的初花日数几乎不变；而中熟种明显缩短，大约为自然条件下的三分之一；晚熟种缩短的程度更加出乎意料：在自然条件下从萌发到开花需要约100天，而在缩短日照处理的条件下只需20几天。试验的结果显示，在短日照下大豆的中熟种和晚熟种都会和早熟种差不多在同一时间开花。

1920年伽纳和阿拉德在美国《农业研究杂志》（第18卷11期）上发表了题为"昼夜长短及其他环境因子对植物的生长与发育的影响"的论文。这篇论文指出，植物的开花期与昼夜时间的长短（即光周期）有关。植物这种感应每一天里光暗时间长短的现象被叫作光周期现象。这是一个重大的突破，由此开辟的一个分支学科的名字叫光形态建成或光控发育（与光合作用并列）。

实际上，生物感受光周期的现象是它们在长期的生存竞争、适应进化的过程中逐渐形成的，这和生物长期生活地域的纬度是紧密相连的。因为生物在处于某一个确定纬度的地方，由于地球围绕太阳公转，在不同年份里的同一天，生活在该地域的生物所接受的自然的光周期是固定不变的，不管其他环境因子（天气阴晴、温度高低……）有什么变化。

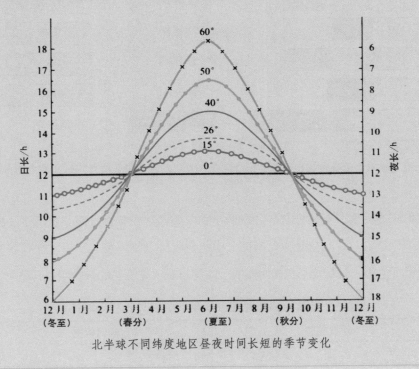

北半球不同纬度地区昼夜时间长短的季节变化

光敏色素的发现

植物对自然界光照时间长短的感知和反应，亦即光周期现象的发现似一石激起千层浪，启发并带动起植物生理、植物生态、植物地理、作物栽培，甚至动物生态等各个分支学科的进一步研究。广泛而细致的各种试验证实了：1.植物接收光时长信号的器官是它的幼嫩叶片；2.温度对光周期反应有一些影响（例如，低温可推迟短日照诱导的成花反应）；3.感光植物实际测量的是它环境中一昼夜里的黑暗期长度，而不是照光期长度；4.如果在黑暗期当中给予短时间光照，则此光中断将破坏黑暗期的成花诱导作用；5.根据不同种类植物开花对日照

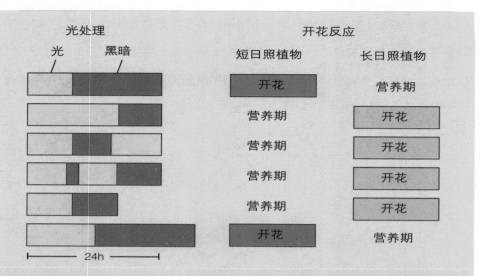

光周期对短日植物和长日植物开花的诱导作用,说明黑暗期长短对花形成起决定作用

长度反应的差别，可以把它们分成两个主要类型：当接受日照长度短于一定时间（临界日长），也就是黑暗时间长于一定时间（临界夜长）后才能开花的植物叫短日植物，只有接受照光时间长于临界日长才能开花的植物叫长日植物。

表1　一些常见植物花诱导所需的临界日长（小时数）

短日植物		长日植物	
苍耳	15.5	燕麦	9
草莓	10～11	小麦	大于12
菊花	14～15	菠菜	13
烟草	14	拟南芥	13
大豆（中熟种）	15	天仙子	11.5

在发现短时间的光照中断黑暗期能抑制光周期诱导开花的效应后，一直在光形态建成领域进行先驱性研究的贝尔茨维尔农业研究所又装备了大型光谱仪。研究者把晚熟种大豆的大部分叶片剪除，只留一片刚刚完全展开的上位叶，用光谱仪产生的不同光质的光照射在这片叶上，观察暗期光中断的效应。结果发现红光（620～680纳米）具有最大的光中断效应（抑制短日照诱导开

花），远红光（700～730纳米）完全没有效应。这是个很新奇的结果（1954年发表），但这意味着什么呢？

研究者查阅到了伏林特1936年发表的论文。他曾利用几个品种的莴苣种子进行光发芽试验，当把吸水浸润的莴苣种子放在黑暗中，只有百分之几的种子发芽；但放在光下的，经过24～48小时几乎100%都能发芽。进一步的试验表明，用不同色光诱导种子萌发的作用光谱，与大豆成花暗诱导被各种色光中断的作用光谱几乎完全一致，亦即红光最有效。更为重要的是，发现了700～750纳米的远红光对种子萌发还有抑制作用。即当对预先照射了弱白光（可导致50%左右种子发芽）的莴苣种子再照红光时，发芽被促进；当弱白光后再照射700纳米以上的远红光时，发芽被明显地抑制了。

这一现象给贝尔茨维尔的科学家们以很大的启发，他们以莴苣种子做了更深入的萌发试验，就是对已浸润的种子照射红光，然后对其一部分再照远红光，之后再照红光，再照远红光。结果他们发现，莴苣种子的萌发被红光促进，又可被红光之后立刻给予的远红光所抵消，而远红光之后的红光还可再消除远红光效应，仍促进种子的萌发。这种反应可以重复很多次（表2）。博茨维克等（1952）发现的这种红光-远红光可逆反应具有双向开关的功能，最后一次照光的光质能决定光形态建成（即光促萌发）的方向。

表2　红光（R）和远红光（FR）交替照射对莴苣种子萌发率的影响

照光处理的种类	种子萌发率%
R	70
R+FR	6
R+FR+R	74
R+FR+R+FR	6
R+FR+R+FR+R	76
R+FR+R+FR+R+FR	7
R+FR+R+FR+R+FR+R	81
黑暗	14

双光束双波长分光光度计

突破没有止境，攻关没有停歇。贝尔茨维尔科学家看到，莴苣种子萌发的光诱导和大豆成花诱导的光中断这样两个差别非常大、又毫不相干的现象，居然具有相同的作用光谱，又具有同样的红光-远红光光可逆反应，就开始想到这两种植物是不是拥有同一个接受光的色素调节系统。具有某种效应的有效光首先必须被吸收（光化学第一定律），那么，植物里是否存在一个吸收红光和远红光并相互转化的单一色素系统呢？由于这一假说的提出，便有可能采用新的物理方法加以检定。这一点具有极为重要的意义。为什么呢？因为可以不管全光谱的光吸收怎么样，只要测定两个特殊波长（660纳米红光和730纳米远红光）的微小吸收差异就行了。

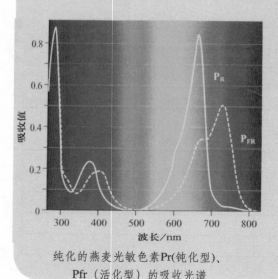

纯化的燕麦光敏色素Pr（钝化型）、Pfr（活化型）的吸收光谱

于是，贝尔茨维尔研究所中

曾从事土壤胶体物理研究的亨德里克斯、分光光学专家巴特勒、擅长设计光度计的技师诺里斯等人共同研制了一种新型的双波长分光光度计。这一光度计的优点在于，不但能测定液体样品，而且能测定不透明的植物组织。当他们使用这种装置测定预先照以红光或远红光的黄化玉米幼苗（凡在黑暗中萌发的所有被子植物幼苗都不含叶绿素，被称为黄化苗）时，照射过红光的幼苗对红光的吸收减少、对远红光的吸收增加；相反，照射过远红光的，对远红光的吸收

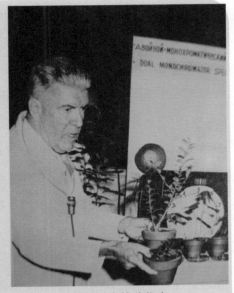

植物学家博茨维克

减少、对红光的吸收增加。这种吸收差异的光谱变动可以反复发生很多次。进而将玉米黄化幼芽加微碱性缓冲液研磨，离心提取出可溶性蛋白质，对该蛋白质溶液照射红光或远红光，又看到了同样的吸收差异光谱的光可逆变化。这个奇妙、幻化的吸光色素终于被捕捉到了！1959年12月巴特勒等在美国科学院院报上将这一结果发表了。次年4月植物学家博茨维克等把这种吸收红光或远红光可逆转换的色素命名为光敏色素（phytochrome）。这是一个由各学科的科学家和技术专家集体做出的重大发现，也是多学科相互渗透交叉做出重要创新成果的范例之一。

越过突破口之后向纵深发展

　　光敏色素发现的意义在于人们可以用红光诱导-远红光可逆的试验作为一个标准去检测哪个光形态建成现象是由光敏色素参与调控的。50多年来陆陆续续发表的论文报告了从幼苗分化直到叶片衰老等几百种现象，从基因活化、DNA

转录增加、蛋白质合成等分子水平的变化到细胞水平、组织水平、器官水平的分化和生长，都有受光敏色素调控的实例。本书作者也有微薄的贡献：发现了杂交水稻之父袁隆平使用的母本材料"光周期敏感雄性不育水稻"开花和花药发育的光控受体也是光敏色素。下面再举几个具体的实例：

1. 广泛存在的光敏色素调节作用。高等植物包括被子植物和裸子植物。在高等植物中发现了光敏色素能促进需光种子的萌发，双子叶植物幼苗下胚轴弯勾的伸直、子叶张开、幼叶分化和叶面积扩大、小叶运动、增加叶绿素合成和叶绿体数目；也能抑制单子叶植物幼苗胚芽鞘生长，抑制所有植物茎的生长和白芥幼苗脂氧合酶的形成。

在低等的藻类植物中，光敏色素能使绿藻细胞中的叶绿体向有光处运动，促进正在发芽的苔藓细胞中质体更多地复制，也能促进一种叫敏感蕨的蕨类植物幼年配子体的生长（表3）。

表3　光敏色素参与调节的植物生理现象

种子萌发	质膜透性改变	质体发育	叶片偏上生长
幼芽弯钩伸直	茎节间延长	子叶张开	块茎形成
根原基启动	小叶的运动	光周期诱导	叶片脱落
叶分化	向光敏感性	性器官发育	生理节律
叶片扩张	花色素形成	肉质化	

2. 光敏色素的快速作用。在光敏色素发现后20年左右，大约有140余篇论文报告了光敏色素调节的几十种快速反应。傅里德里克（1964）最早发现的快速反应是在红光对短日植物牵牛成花诱导的暗间断时，在红光之后2分钟内给予远红光照射才有逆转效应，超过2分钟后远红光的逆转效应迅速失效。另一个例子是普拉特（1976）把照过红光的幼苗加缓冲液研磨成匀浆后进行离心，观察到红光照射后光敏色素沉降一半的时间仅为2秒。这说明光敏色素活化后立即与破碎细胞的膜系统结合，随即被离心力作用而沉降。左图显示的是照红光（R）后

1分钟转板藻细胞里唯一的大型叶绿体就发生转动，使其平面朝向红光的方向；而远红光（FR）的逆转作用也很快。

3.光敏色素与植物激素有协同作用。本书作者以十字花科植物欧白芥的幼苗为材料，发现红光照射与细胞分裂素处理有3种协同作用：首先光和激素对叶绿体内的类胡萝卜素合成及光合作用中的一个关键酶的形成具有加和作用；而对

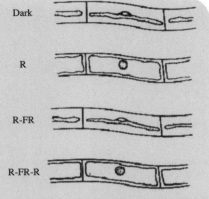

绿色丝藻转板藻细胞内的叶绿体转动是光敏色素调节的快速反应

于子叶面积的扩张生长，二者的同时作用是它们分别作用相乘的结果；第三种效应则是光敏色素的作用减弱了细胞内花青素合成对激素调节的敏感性。光是最重要的环境因子，激素是生物体内最重要的调节因子。自然界里这二者总是相辅相成的，只不过协作的具体方式不同罢了。

4.光敏色素对基因表达的调控。现代分子生物学的研究早已揭示了生物体内基因表达的第一个稳定产物是蛋白质，而蛋白质是所有生命活动的物质基础。1960年马尔科斯率先发现植物叶绿体中同化二氧化碳的第一个关

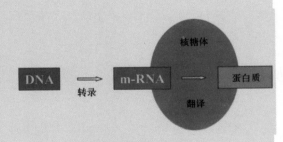

从DNA到蛋白质的中心法则

键酶（3-磷酸甘油醛脱氢酶）的活性受光照的促进，这很可能是其酶蛋白增多的结果。此后20多年里，世界各地的科学家已发现60余种酶蛋白或细胞结构蛋白的合成受光的调控。这些酶涉及许多重要的代谢途径或发育调节的重要环节，例如光调节的硝酸还原酶就是植物吸收并固定氮元素的一个关键酶。进一步的研究发现，光对这些蛋白的编码基因表达的调节，大多是在从基因（DNA）转录合成其信使核糖核酸（mRNA）的过程中发挥作用的。其后，以各种mRNA为

模板进行的蛋白质合成随之发生了变化。

近20年来的研究更为深入。许多试验证据说明在一个细胞里，从光敏色素的活化到某个基因表达受到调控之间存在着一系列的信号转导中间体。用生物化学方法已证明：G-蛋白、钙离子、钙结合蛋白、磷脂酶、三磷酸肌醇等都是光敏色素信号传递链中的组分。利用筛选光形态建成突变体进行研究的分子遗传学方法，著名的邓兴旺和魏宁的研究室证明了：拟南芥的COP1蛋白参与光敏色素的信号转导过程；由其克隆基因的序列分析了解到它编码一个由675个氨基酸残基组成、分子量为76.2kD的可溶性蛋白。利用报告基因细胞定位观察技术发现，它在黑暗中定位于洋葱表皮细胞的细胞核内，在受光后立即从核膜孔中转移出来，定位于细胞质里。这就可以解释在黑暗中COP1抑制着光敏色素本能诱导的下游反应，而照光后光解除了COP1的抑制能力，从而使光敏色素诱导的光形态建成反应得以实现。

积少成多的突破——抗氧化的功劳

尽人皆知，大气层包裹着我们的星球。氧气占空气总量的20.93%。许多金属以它们氧化物的形式存在，非金属的氧化物以H_2O和CO_2为最丰富。所以，氧化是我们地球上最普遍的、自然的化学反应。但是，在有生命的有机体中，无论是单细胞的细菌、藻类，还是多细胞的高等动物、高等植物中发生的生物氧化，就不是某一个元素和氧化合的简单过程了。

生物氧化和活性氧物质

动植物都有呼吸作用，这种呼吸作用都在它们的细胞中进行，其中的有氧呼吸就是生物氧化。从20世纪二三十年代开始的生物化学研究陆续揭示了生物氧化过程的许多细节，使我们了解到：生物氧化的最终结果虽然也是消耗燃料（即底物原料）和O_2，产生CO_2和水；但它不是像燃烧煤炭那样的纯化学的燃烧（在短时间内剧烈进行并放出大量的热能），而是在活细胞内、在常温下和有水的环境中逐步、缓慢地进行的。生物氧化的底物原料是糖类、脂肪、蛋白质、氨基酸、有机酸等有机物质。生物氧化主要在细胞内的线粒体中进行。各种有机物的酶促脱氢反应是生物氧化最初的反应步骤，从有机物上脱下来的氢原子实际上以氢离子和电子相分离的状态，分别沿着氢离子（即质子）途径和电子传递链传递。电子最终传给O_2，激发O_2并与基质中的H^+结合，形成H_2O。生物氧化中形成的CO_2，并不是有机底物中的碳直接和氧化合的结果，而是有机物分解脱氢后形成的有机酸再经过脱羧基反应（即分解出CO_2）释放出来的。在

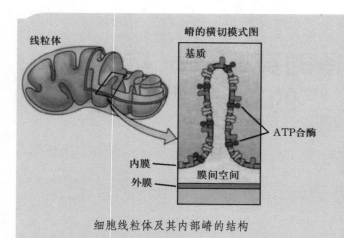

细胞线粒体及其内部嵴的结构

线粒体电子传递过程中释放的自由能被用于产生一个跨生物膜的质子电化学梯度。另一个蛋白复合体（ATP合酶）随后利用质子梯度的能量合成了三磷酸腺苷ATP（其酸酐键为高能键）。所以，生物氧化释放的能量只有很少一部分以热能的形式损失掉，大部分都以ATP的形式供给生物体的各种生命活动利用了。

通过生物氧化的研究，人们对氧化的理解更加深刻了：广义的氧化概念是指某个化合物在反应中发生脱去氢原子（也即脱去电子），而这个氢原子最后又与氧结合形成水的过程。例如，一个葡萄糖分子$C_6H_{12}O_6$经过脱氢氧化形成6个H_2O分子，并产生能量。生物氧化就是这样一个在所有有生命的细胞中发生的脱氢并产生能量的过程。

在生理条件下，脱氢酶催化的反应中，电子由氢裂解出来，通过电子传递链最后到达细胞色素c氧化酶，并由它交给氧，将氧还原成H_2O。然而，就在这个过程中，总会有极少量的电子泄露出来（有人估计为0.2%）。这些电子没有到达细胞色素c氧化酶，而是把氧以单价形式还原成O_2^-。这种现象称为电子漏。细胞线粒体电子漏的产物O_2^-的最外层轨道只有一个不配对电子，这个产物被称为超氧物阴离子自由基。自由基就是其化学性质特别活泼的分子或基团，带氧的自由基就是活性氧。例如，O_2^-极为活跃，它可作为强的还原剂，失去一个电子后自身被氧化成O_2，而使其他物质（如细胞色素c）接受电子被还原。O_2^-也可作为氧化剂，它能夺取一个电子和二个H^+，自身还原成双氧水H_2O_2，而使其他物质（如还原型谷胱甘肽）被氧化。

各种活性氧物质

上段中说过的超氧阴离子只是生物细胞中产生的活性氧物质之一。此外，在细胞中还存在别的各种活性氧物质：

1.单线态氧（$^1O_2$）。氧分子吸收能量使一个外层电子激发，电子自旋反转形成单线态氧。但它极不稳定，会很快释放能量回到基态上。这种现象在植物叶绿体的光化学反应中有少量发生，在紫外线和过强光照引起的光抑制中经常发生。

2.过氧化氢（双氧水，H_2O_2）。当氧被双价还原时，就形成H_2O_2，在脂肪酸被β-氧化分解和植物进行光呼吸时都会形成。

3.羟基自由基（OH^-）。基态氧进行三价还原（即接受三个电子）时形成。

4.过氧羟基自由基（O_2H^-）。在质外体（植物细胞壁之间）空隙中O_3和OH^-的反应中形成。

由于生物体内存在着各种酶类和电子载体，它们可以使氧绕过电子自旋限制，进行不同程度的还原，从而形成以上各种活性氧物质。

活性氧物质都有相当强的化学反应能力，它们对细胞的结构和功能都有害。因此在自然界中，各种生物在长期进化过程中都形成了一个完善的清除活性氧的防卫系统，使生物细胞内产生和清除活性氧维持在一个动态平衡之中。

进一步的植物氧代谢研究揭示了更多的活性氧生成的规律。例如，植物的一生中会经常处于不利于其生长发

土壤干旱是一种逆境

育和繁殖生存的环境条件之中。对植物产生胁迫的这些环境条件既可以是非生物类型的，也可以是生物类型的。所有这些胁迫条件都会诱导植物细胞中产生过量的活性氧物质。干旱或水涝、土壤中的重金属或其他污染成分、土壤中盐分过高或过分贫瘠、大气寒流或热浪、大气污染（如臭氧、二氧化硫增加）、诱发光抑制的高强光照、虫咬创伤、细菌或病毒引起的植物病害……都可以通过破坏活性氧在细胞内的平衡，积累众多的活性氧来更多地伤害，甚至杀死细胞。

活性氧的危害

氧气是生物所必需的，甚至是须臾都离不开的。但是，过多的氧又是有害的。以植物为例，若以空气培养的水稻幼苗作对照（生长量100%），分别培养在40%、60%和80%氧浓度环境中的水稻苗生长量只是对照水稻苗的83%、66%和25%。而且，水稻苗的根比芽对氧伤害更敏感。在高氧环境下4天，对水稻苗的伤害就变得不可逆了，即使这时解除高氧逆境，稻苗也不可能存活了。绿豆、黄瓜、玉米、花生、小麦等植物幼苗也都有氧伤害的现象。因为有实验证明，氧的浓度越高，亚线粒体产生的超氧阴离子越多，所以导致植物氧伤害的直接因素可能不是一般的氧气分子，而是在化学上特别活泼的活性氧。

1.活性氧对细胞结构和功能的伤害。科学家利用电子显微镜观察在高氧环境下培养3天的水稻胚芽鞘细胞，结果发现细胞中的线粒体变得肿胀，

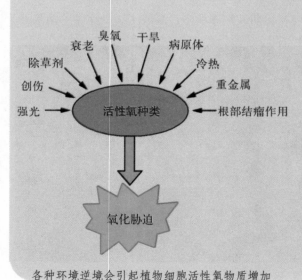

各种环境逆境会引起植物细胞活性氧物质增加

线粒体内的脊残缺不全，衬质收缩或解体，部分线粒体甚至只剩下不完整的外膜。同样，O_2^-、H_2O_2、$\cdot OH$都不同程度地引起线粒体膨胀。生物化学研究也表明，受活性氧伤害的线粒体的氧化磷酸化效率和细胞色素氧化酶活性等功能都下降了。另外，植物叶绿体是光合放氧的细胞器，如果它排氧不畅，其局部高氧环境也容易引起活性氧增加，从而危害叶绿体的结构和功能。

2.活性氧对生物大分子的损害。组成蛋白质的所有氨基酸，尤其是不饱和的氨基酸，如组氨酸、酪氨酸、色氨酸对O_2^-和$\cdot OH$的氧化攻击都很敏感。活性氧自由基不但破坏蛋白质的一级结构，还破坏它的二级和三级结构。用高氧逆境处理水稻苗的实验说明，氧伤害就是蛋白质合成受阻与已有的蛋白质结构破坏。活性氧通过与酶分子中的金属离子起反应，或攻击酶蛋白中的巯基，或使酶分子发生交联聚合来破坏酶的活性。另外，氧自由基对大分子量的DNA有剪切、降解、修饰等各种作用。这在噬菌体、细菌、哺乳动物和植物的研究中都有报道。

甘薯

3.活性氧对生物膜系统的破坏。动植物细胞的细胞膜（即质膜）、细胞核膜、细胞器膜（线粒体、叶绿体、微粒体的膜）和内质网膜都是由生物膜系统构成的，膜脂是其基本成分。过量的活性氧很容易引起膜脂的过氧化作用。因为膜脂含有的不饱和脂肪酸容易受到活性氧攻击，产生脂质内过氧化物，进而降解成丙二醛等小分子有机物。而丙二醛又可攻击蛋白质分子的氨基，导致蛋白质分子内的交联和分子间交联，并进一步变性和凝聚。而正常的生物膜是有一定流动性的液晶态物质，这种状态有利于细胞内外的物质运输、能量转换、信号传递、细胞分裂等生理活动。活性氧对生物膜内脂类分子的攻击会使生物膜从液晶态逐渐向凝胶态转变，这种膜相变的微区域越来越大，细胞就逐渐走向死亡。

4.活性氧对人体健康的危害。我们知道，人体细胞的基本结构和细胞呼吸（即生物氧化）的基本过程与所有的动植物细胞都是相同的。所以，上述活性氧对生物大分子和生物膜的伤害，以及对细胞结构和功能的伤害同对人体细胞的伤害也是很相似的。从伤害最终的结果来看，活性氧自由基过多可以引起人的癌症、心血管病、糖尿病、白内障、关节炎和其他一些与老龄化有关的疾病（如老年痴呆和震颤性麻痹）。

活性氧的平衡机制

氧气是包括人类在内的所有生物的朋友，也是他们的敌人。关键在于细胞内的活性氧的数量或浓度必须处于一定的、合适的水平上，不能缺少，也不能太多。也就是说，活性氧的产生和消除必须处于一种动态平衡的状态下。那么，细胞内有哪些消除活性氧的方法呢？

经过大量的研究，科学家们已经了解到：生物细胞具有两个方面的防止活性氧物质过多的系统能力，或称防御能力。一方面是酶促防御系统，包括超氧化物歧化酶、过氧化氢酶、过氧化物酶、谷胱甘肽过氧化物酶等；另一方面是非酶促防御系统，包括维生素C、维生素E、维生素A、辅酶Q（即泛醇）和一些巯基化合物（如还原型谷胱甘肽和半胱氨酸等）。这两方面的防御体系在不同的生物和细胞中并不是均匀分布的，在特定的亚细胞区室中也有所不同。

1969年麦考德和佛里德维奇发现超氧化物歧化酶（SOD）的成果促进了生物细胞氧代谢的研究。超氧阴离子是一种活性很强的自由基，它自身的氧化还原就是一种歧化反应。即一个O_2^-失去电子，另一个O_2^-获得电子：$2O_2^- + 2H^+ \longrightarrow O_2 + H_2O_2$。在没有超氧化物歧化酶参与时，这个歧化反应极慢，但有SOD催化时反应速率增加1万倍。因为，两个超氧阴离子都带负电而互相排斥，不易紧密靠近而发生电子转移；但有SOD时，可以通过其活性中心金属离子不断地进行电子转移，从而使歧化反应速度大大提高。在生物细胞里，这种歧化反应形成的H_2O_2往往又在过氧化氢酶的作用下，被分解为水和氧气，从而完全解除了活性氧的危害。

现在已证明，SOD在植物界是普遍存在的，如大豆SOD是由两个同等大小的蛋白质亚基（分子量17000）通过共价键相结合的酶分子。它对酸、热、碱的稳定性是目前酶类中最好的一种。它的活性还和植物种类或品种的耐寒或抗寒能力有关，抗寒能力强的品种在低温下SOD活性的下降较小；抗寒性弱的品种在

相同低温下SOD的活性显著下降。

分解生物体内H_2O_2的关键酶在动物和植物之间有很大差别。在动物体内主要是通过谷胱甘肽过氧化物酶（GSH-POD）分解H_2O_2；但在植物组织中却没能检测到GSH-POD活性。植物叶绿体内主要靠维生素C（即抗坏血酸）过氧化物酶来清除H_2O_2。

下面说说非酶类防御系统。植物体内非酶促的、最重要的$^1O_2$淬灭剂是类胡萝卜素。类胡萝卜素存在于叶绿体内，它能保护叶绿素分子免受光氧化损伤。叶黄素是类胡萝卜素的一种，在幼苗变绿之前大量存在于捕光色素蛋白复合体中，能保护叶绿体避免光氧化伤害。维生素E在叶绿体内类囊体膜上，也能防止$^1O_2$的过氧化作用。叶绿体是植物自养最重要的细胞器，它还有维生素C-谷胱甘肽循环参与抗氧化保护。此外，多胺和黄酮类物质也可在一定程度上保护植物免受活性氧自由基的损伤。

人体内的抗氧化剂

医学是整个生物科学中最重要的一部分，而且也是起前导作用的一部分。同样，在人体活性氧物质的平衡研究方面，几十年的积累是非常丰富的。以美国加州大学伯克利分校分子和细胞生物学系的实验室为例，他们发现在人体内存在着一个抗氧化剂的网络体系，负责清除在细胞内的活性氧自由基。

在科学文献中你可以找到上百种自然界存在的抗氧化剂。对人说来，有些抗氧化剂是人体细胞内自己合成的，另外一些抗氧化剂则必须从体外食物（主要是植物）中获取。这些外来的抗氧化剂也必须进入细胞内才起作用。由于自由基在细胞内生成后很快就起破坏作用，所以抗氧化剂必须在细胞内随时待命，随时随地在瞬间就去与自由基结合。这种钝化自由基的反应有多少？有多快？一般人是很难想象的。按照抗氧化剂专家艾姆斯的估计，每天每个人体细胞中DNA受到的氧化攻击大约有1万次，如果再乘上人体的1万亿个细胞，那么人体1天所需要的抗氧化剂有多少就不难想象了。所以，人必须吃进足够的食物，有时还要补充一些维生素，来保证身体的健康。

帕克教授认为，在人体细胞中抗过氧化网络主要包括5种抗氧化剂，它们是维生素C和维生素E、辅酶Q10、硫辛酸和谷胱甘肽。它们在一起工作，互相大大地促进各自的活性，增强了整个网络系统

的抗氧化能力。原因就是当某一个抗氧化剂与活性氧结合失活后，它又可以在另一个抗氧化剂的帮助下重新复活，循环使用。举一个例子来说，当一个维生素E分子灭活一个自由基后，它本身变成了一个弱的自由基，但是它并没有被破坏，它可以被恢复从而再次被利用。具体过程是通过维生素C或辅酶Q10分子贡献出电子给维生素E，使维生素E被还原，又重新成为抗氧化的状态。当维生素C或谷胱甘肽分子钝化掉一个自由基，自己变成弱自由基时，同样的事情也会发生，它们可以被硫辛酸或维生素C挽救而再恢复到抗氧化的状态。

大家知道，细胞不是均匀状态的，细胞膜主要是由脂类物质组成的，而细胞内部的主要成分是水。所以，脂溶性的维生素E和辅酶Q10主要保护细胞膜和其他细胞器的生物膜免受活性氧的攻击。而水溶性的维生素C和谷胱甘肽主要在细胞的其他部分和血液中起抗氧化的作用。只有硫辛酸是既溶于水，又溶于脂类的分子，它可以在细胞的任何区域使失活的另外4种抗氧化剂再生。

硫辛酸在过去是被忽视的，但由于帕克实验室的研究发现，现在人们认识到硫辛酸具有多种功能，是整个抗氧化保卫体系中一个强有力的成员。在欧洲，硫辛酸已被用于治疗糖尿病综合征30多年了；在美国的研究表明，硫辛酸对付中风和心脏疾病也是很有效的。硫辛酸独特的地方还在于它是唯一能大幅提高谷胱甘肽水平的抗氧化剂。这一点之所以重要，是因为谷胱甘肽如果口服，就会被人的消化道分解掉。所以，口服硫辛酸不但能得到它本身的好处，还能间接得到增加细胞谷胱甘肽水平的好处。

维生素E，又名生育酚，是主要的脂溶性抗氧化剂，由4种不同的生育酚分子和4种三烯生育酚分子组成。它必须从体外食物或补充剂中获得，在玉米油、花生油、芝麻油等植物油中含量丰富。与谷胱甘肽和维生素C相比，它在细胞内的数量是微不足道的，但它却是所有抗氧化剂中最重要的、研究成果最丰富的一个。维生素E在人体内以脂蛋白的形式运输，并且保护它们免遭氧化破坏。据信，脂蛋白的氧化是动脉血管粥样硬化过程的第一步，而这将引起心脏和血管的疾病。最近的研究已经显示，维生素E能预防心脏病、减少患前列腺癌的风险、减缓老年失智的发病进程。

维生素C，又名抗坏血酸，是不能被人在体内合成的，它只能来源于食物

和补充剂。它对人体的免疫系统是很重要的，长期服用的人比不服用的人更健康，更有活力。抗坏血酸容易参加细胞内的氧化—还原反应，可以通过保护细胞核DNA免受活性氧自由基的攻击而大大降低癌症的发病率。人的精液中的维生素C浓度是血液中其浓度的8倍，说明它对保护遗传功能也是重要的。有试验表明，每天摄入200毫克维生素C对于保护精子DNA免受氧化损伤仍是不够的。

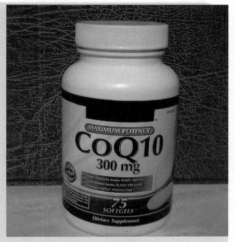

辅酶Q10

诺贝尔化学奖得主珀灵认为，为了预防感冒可以每天服用1克的维生素C。

辅酶Q10，基本结构类似于维生素E，其氧化态为醌，还原态为醇，故又称为泛醌。主要存在于细胞的线粒体里，是生物氧化产生能量的电子传递链中的重要成员。辅酶Q类物质具有一个以5个碳原子的异戊烯基为单位的长链尾巴，辅酶Q8有8个单位（40个）碳原子，辅酶Q9有9个单位（45个）碳原子，它们只存在于短命的生物体(细菌、昆虫、老鼠)内。而辅酶Q10只存在于人类和最长命的哺乳动物体内。而且，辅酶Q10在工作最辛苦的心脏、大脑、肾脏、肝脏等器官中含量最高。辅酶Q10可以在体内合成一部分，也可从海产品和肉类中获取，或口服胶囊制剂得到。辅酶Q10除去自己能灭活氧自由基外，还能在抗氧化剂网络中使维生素E再生，可用于预防心脏病、老年失智或老年震颤。

谷胱甘肽是谷氨酸、半胱氨酸和甘氨酸顺序联结组成的三肽，同硫辛酸一样具有含硫的巯基基团（进行氧化或还原反应的部位）。谷胱甘肽在细胞中的浓度大约是维生素E浓度的一百万倍，所以它是抗氧化网络中最主要的抗氧化剂。它是每个细胞内自己合成的，不必从体外专门摄入。但是摄入的硫辛酸可以激发谷胱甘肽的大量合成。而谷胱甘肽又可去促进维生素C的再循环利用。在健康的人体细胞中，可被用于抗氧化的，即处于还原状态的谷胱甘肽分子占其全部分子的90%。如果这一比例下降，就表明该细胞或器官处于亚健康或病态中。例如患有慢性肺部疾病（如哮喘病）的人，肺中还原型谷胱甘肽的比例就比较低。丰富的谷胱甘肽有助于人体克服慢性炎症、预防癌症、增强免疫系统、延缓衰老。

服用抗氧化剂是否有效仍需更多的研究

从20世纪80年代起，人们就开始进行补充抗氧化剂的试验了。由于科学家们很长时间以来一直认为，在饮食中多吃蔬菜、水果的人群罹患心脏病、糖尿病、中风、老年痴呆和某些癌症的几率会比较低，而这些疾病都与自由基破坏有关。对此产生了一种解释，即蔬菜、水果中富含抗氧化的物质。

植物在生命活动中，为了中和掉细胞内不断产生的活性氧，确实合成了不少的抗氧化物质。除去"活性氧的平衡机制"一节中提到的以外，类黄酮物质、类胡萝卜素和多酚类物质也都具有直接的或间接的抗氧化能力。所谓间接

的能力就是能够促进别的抗氧化剂生成的能力。例如，花青素类的许多化合物属于类黄酮，银杏叶的提取物中含有多种类黄酮化合物，它们不但自己是活性氧的清除剂，还通过三种方式保护心脏健康：预防血液凝结、防止低密

度脂蛋白（LDL）胆固醇的氧化和降低高血压，而且能大大增强维生素C在抗氧化网络中的作用。

曼越莓和蓝莓的相关产品、绿茶提取物、维生素C泡腾片、石榴果汁浓缩液、胡萝卜素制品、葡萄籽提取物、维生素E、松树皮提取物、蜂胶等一大批与抗氧化剂有关的食品和补充剂，一个一个都在市场上受到热捧。据统计，大约半数的美国人热衷于抗氧化剂的使用。人们相信：自由基是"行凶作恶"者，而抗氧化剂则是"惩恶扬善"者。美国成年人服用维生素和微量元素等营养保健品一年要花掉两百多亿美元，抗氧化剂在其中占有很大比例，而且还在持续增加。

然而，舆论并不完全一致。美国一项服用胡萝卜素防癌的试验结果显示，服用胡萝卜素的人群中患肺癌的比例比服用安慰剂的人群还高。向试管中的血样添加维生素E确实可以抑制LDL的氧化，但是进行人体试验的结果却并不一致。只有英国剑桥大学的一项试验结果是肯定的，结果显示维生素E具有降低心脏病发作风险的效果。除此之外，其他研究都未发现维生素E对人体有保护作用。很多研究表明，维生素C和维生素E只有在那些缺乏它们的人身上有一定的效果，对不缺乏的人就没有效果。

看来，要不要和怎样补充抗氧化剂类保健品，尚待更多的研究。目前能够

做的就是坚持"药补不如食补"，在饮食的组成中应摄入更多的含抗氧化剂的蔬菜、水果。因为蔬果中含有天然的搭配合理的多种抗氧化成分，它们可以各施所长，协调发挥作用。至于人工合成的或从植物中提取的抗氧化剂，可以适当服用，但应注意避免过量服用。

突破之后发现更多的未突破
——癌症

为什么谈癌色变？

2012年来自加拿大一个癌症研究中心的康纳斯博士在美国科学促进会年会上说，去年全球新增癌症患者1300万人，因癌症死亡的达750万人。癌症排名发达国家人口死亡原因的第一位；在发展中国家，癌症虽然在传染病之后位列死亡原因第二位，但因癌症死亡率的增加，二者差距迅速缩小。即使在美国这样医学发达的国家，最近几十年里癌症的治愈率也很少改善，绝大部分癌症一旦发生转移都无药可治。1950～2000年这50年里，美国每年死于心脏病的人数占总人口的比例从0.59%下降到了0.21%，死于流感和肺炎的比例从0.048%降到了0.020%，可是死于癌症的患者只从总人口的0.19%降到了0.18%。

中国卫生部2008年公布的第三次全国人口死因调查的结果显示，在过去的30年肺癌的死亡率上升了4.65倍，已经取代肝癌成为我国死亡率第一的癌症。目前我国城市男性4～5个癌症患者中就有一个是肺癌，女性5～6个癌症患者中就有一个是肺癌。而肺癌的死亡率也很高：3～4个男性癌症患者中就有一个死于肺癌，4～5个女性中也有一个。

《2012年北京市居民健康状况及卫生事业发展报告》显示，居民死亡原因的前三位是癌症、心脏病、脑血管病；2011年北京市民癌症发病率为303.3/10万，比上一年增加0.44%。男性癌症新发病例中肺癌发病率居第一位，前列腺癌由2010年的第六位上升至第五位；女性乳腺癌发病率居第一位，女性甲状腺癌由2010年的第五位上升至第四位。

中国男性（上图）和女性（下图）排名前十位的恶性肿瘤发病率（外圈）

及死亡率（内圈）（注：为中国人口标化率）

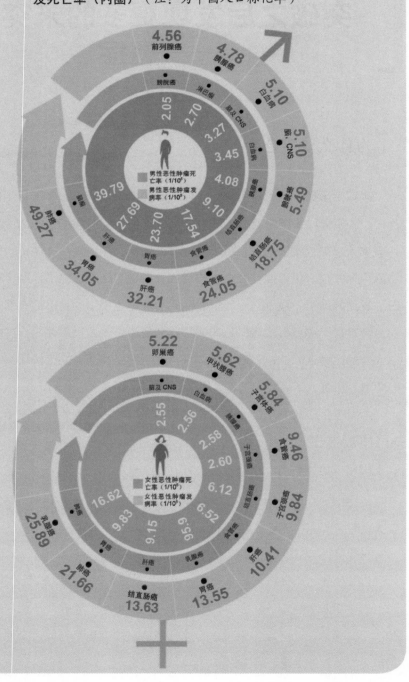

不争的事实说明，癌症是危害人类生命健康的一个主要敌人。如果哪一个人不幸得了癌症，往往既说不清患癌的确切原因，又不得不忍受治疗带来的身体上的巨大痛苦和金钱上的巨大损失，最后还面临着死亡率特别高的巨大风险。所以，谈癌色变，就是很自然的事了。

癌是什么？

在西方，古希腊医生西波克拉底（大约公元前460～前377年）看到肿瘤的怪异形状和它周围的血管很像伸出八条腿的螃蟹，就把它叫作karkinos，意思是"螃蟹"，英语为cancer，这个词一直沿用至今。现在国际抗癌联盟的标志就是一把利剑戳穿螃蟹。西波克拉底认为，人体某部位黑色胆汁过多就会引发癌症。他的思想一直影响了西方一千多年。

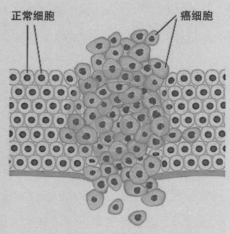

周围的正常细胞和中间的癌细胞

在中国，《内经》和《山海经》里就有一些关于肿瘤的描述。而"癌"字的记载首见于宋代的《卫济宝书》：癌者，上高下深，岩穴之状，颗颗累垂，毒根深藏。说到癌症的起因，书中写道：外感六淫（风、寒、暑、湿、燥、火）、七情内伤（喜、怒、忧、思、悲、恐、惊）、饮食劳倦等引起阴阳失衡、脏腑失调，产生气滞血瘀。

1845年，一位年轻的德国医生菲尔绍进行尸检时，发现其血液中有许多不规则形状的白细胞，取自不同器官的样本都有相同的现象。之后他称之为白血病。1858年，他出版了《细胞病理学》，宣示了癌细胞的发现和肿瘤源自健康器官细胞的病变。当时的医生们注意到肿瘤总是产生于慢性炎症，如破溃和损

菲尔绍

伤的部位，比如身体的溃疡、伤口和疤痕等，菲尔绍提出了慢性刺激导致癌症的假说。这一假说获得了很大成功，但仍不能解释为什么不是所有的慢性刺激都可以导致癌症发生。

对现代的大多数人说来，他们知道癌细胞是身体内细胞突变引起的，进行不受控制的恶性生长的肿瘤。他们会到医院里找医生进行治疗，但是，也有少数人缺乏科学常识，盲目相信所谓的什么祖传治癌秘方，结果不但病没治好，浪费了钱财，又错过了早期治疗的最佳时机。

向癌症宣战

一．**手术切除**。不管人类对癌症的认识有多少，得了癌症的患者总是要接受治疗的。国内外的医生试用的第一招一般都是外科手术。几百年来，在进行肿瘤切除术时，手术带来的痛苦是难以想象的；而且即使手术成功，病人也很难逃过术中或术后感染带来的死亡。这种情况在19世纪中叶得以改变，外科医生发明了麻醉剂和消毒术，这一突破使癌症治疗进入了"手术的世纪"。

以美国霍普金斯大学治疗乳腺癌的霍尔斯特德为例，他在19世纪最后10年里发展出了乳腺癌根治术。手术要切除大面积的胸肌，并广泛清扫腋窝附近的淋巴组织。他认为，切除足够多的组织就能治愈癌症。这在当时使病人的5年存活率提高到了30%。此后，乳腺癌根治术甚至到达了锁骨及颈部的肌肉和淋巴结，即所谓多切除一个淋巴结就能多挽

皮肤癌

救一个患者。

但是，这种"宁可错杀一千，不能放掉一个"的手术在20世纪70年代受到了质疑。美国的外科医生菲舍尔提出，乳腺癌细胞是通过血液和淋巴组织转移、扩散的。如果癌细胞还没有扩散，那么切除大块的胸部肌肉和大面积的淋巴结是毫无必要的，给患者留下的后遗症也是多方面的；如果癌细胞已经转移，那么切得又太少了，患者已不可能被治愈。于是出现了改良根治术，乳腺癌外科进入了保乳手术时代。目前，西方发达国家70%～80%的原发性乳腺癌患者可以接受保乳治疗，只有20%～30%的患者需要实行乳房全切手术。

近20年来，一种新型的手术方式——微创手术又出现了。它只在患者身上切开几个小洞，把内窥镜和激光刀等器械插进体内，凭借机械手和电视画面完成切除手术。这样使患者在术中和术后都减少了很多痛苦。

二. 放射疗法。放射疗法的确立得益于德国实验物理学家伦琴发现的X射线。1895年11月的一天，维尔茨堡大学校长、物理系教授伦琴像往常一样在实验室里进行着阴极射线的研究，偶然间发现了荧光物质发出光来，包在黑纸中的照相底片感光了。他继续深入地对这种看不见的射线进行研究，发现它还可以穿透动物

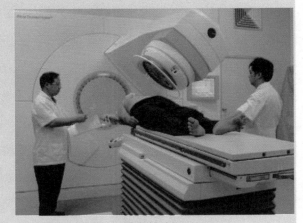

放射治疗仪

或人体，在底片上留下骨骼的影象。他把这种射线叫做X射线。为此他获得了第一届诺贝尔物理学奖。

1896年3月，美国的年轻医生格鲁伯开始试用X线治疗一位乳腺癌手术后癌细胞扩散的女患者。虽然没有成功，但是开创了放射线治疗癌症的新时代。1908年法国放疗师贝克雷给一名患脑部肿瘤的16岁少女进行放射线治疗，取得

了成功。原来肿瘤已经压迫视神经，让她看不清、头疼、晕眩，经过几周治疗后，这些症状都消失了。1931年贝克雷医生收到一封来信，是那位23年前接受放射线治疗的少女写的，她说她刚生了一个健康的宝宝。

放射疗法对鼻咽癌、肝癌、肺癌、胰腺癌、宫颈癌、前列腺癌等有较好的疗效，但放射线在打到肿瘤上的同时，不可避免地会使旁侧一些正常组织受损，所以其副作用也不小。直到20世纪90年代，放疗师开始使用医学定位系统、计算机三维适形、图象引导、调强放疗等先进设备，才使放疗又进入一个新阶段。虽然可以把大部分放射线集中到肿瘤上进行大剂量治疗，减少损伤正常组织，但是仍然不可避免产生一定的副作用。所以，人们仍在盼望更新的医疗技术突破。

三．化学药物治疗。20世纪40年代，美国医生法伯开始给白血病人注射能帮助DNA复制的叶酸，希望能增加其正常细胞的比例，从而缓解病症。但是，实验结果恰恰和他的假设相反，叶酸加速了白血病的恶化。于是，他又努力找到能够抑制叶酸代谢的氨基蝶呤进行试验。在16人一组的药效试验中，有10个儿童病症有所缓解，5个儿童在治疗后存活了4～6个月。在当时，这已经是了不起的进展了。受这一成果的鼓舞，美国建立了斯隆-凯特林癌症中心。该中心主任罗兹说：我认为找出"对付癌症的青霉素"指日可待，我个人希望能在10年内实现。但是，直到他去世，找到癌症解药的梦想仍然没有实现。实际上，20世纪七八十年代美国政府雄心勃勃的《国家癌症法案》和"癌症病毒特别计划"都遭到了失败。对付癌症，没有任何一种药物能像小儿麻痹症疫苗那样有效，也无法像青霉素杀灭细菌一样立竿见影。

没有一个万能的药，但仍有治个别癌的药。美国的哈金

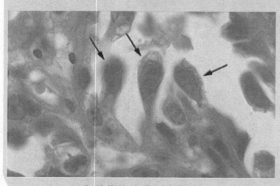
化学药物治疗早期癌症

斯在1941年首创用雌激素治疗前列腺癌，后来又于1962年试验出将雌二醇和黄体酮合用治疗乳腺癌的方法，且都取得较好的疗效。因此他获得了1966年的诺贝尔生理学／医学奖。这为以后内分泌（或叫激素）治疗癌症的技术打开了大门。

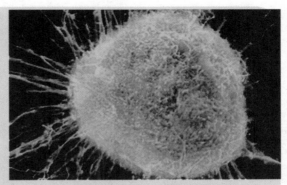

癌细胞扩散受特异蛋白质促进

癌症千差万别，生长部位不同，恶性程度和病理原因也各不相同，当然化疗的效果也不会一样。比如，对付淋巴癌、白血病、乳腺癌等，化疗的价值比较大，能够有较好的疗效；对肺癌、胃肠道癌来说，化疗的主要作用是延长患者生命；而对于肾脏等排泄器官的癌，化疗的效果就比较差。

化疗的优点是药物能被人体内血管系统运送到身体的每一个细胞，所以对于肉眼和仪器都无法察觉到的转移癌细胞具有治疗作用。但是，与放疗的缺点一样，化疗也是敌我不分，正常的细胞也会受到伤害。化疗的副作用通常是白细胞下降、恶心呕吐和毛发脱落。这也正是强烈抑制癌细胞分裂的化疗药物（如顺铂、卡铂）对正常人体细胞中分裂较快的骨髓细胞、胃肠黏膜和毛发生长点细胞抑制的结果。

总的来看，巨量的科研投入使癌症的治疗技术取得了长足的进步，但是在使癌症患者延长生命并提高生活质量的同时，也衍生出了许许多多新的、没有解决的问题。这意味着某些突破之后又发现了众多的未突破问题。

基因突变诱发了癌症

近30年来人类科学研究的重大成就之一，就是分子生物学的基础研究取得了重大的突破。基因序列的测定是最显著的一个例子。

人类基因组研究计划开始于1990年，由美国能源部和国家卫生研究院主持，于2003年4月宣告结束。因为20世纪90年代基因测序用的是凝胶电泳法，跑一次胶只能测几百个核苷酸，所以进展很慢。后来科学家发明了自动测序仪，到2001年这种仪器每台每天可以测定100万个字母（核苷酸）。后又经过大力改进，每台每天可以测1000万个字母。其工作效率在这11年里提高了10万倍。发明全基因组测序仪的罗思伯格的公司在2012年可以在一天之内完成对一个人全部基因组（大约30亿个核苷酸）的测序，费用仅为1000美元。

英国斯特拉顿教授领导的研究小组，通过基因测序分析了21名乳腺癌患者的基因组，发现了这一癌症的发生过程。最初发生某个基因突变的乳腺细胞在与正常体细胞生存竞争的过程中，如果占了上风，就会不断地分裂和分化，形成一个突变体细胞家族。家族的成员经过体内微环境的"自然选择"，只有生存能力最强的细胞团亚克隆才能不断增殖。在肿瘤发展的过程中，又不断有新的突变出现，每一种新的突变衍生出一种新的分支。由树干到树枝，越来越细，细的树枝代表后期发生的突变。这就像达尔文主张的进化论中的进化树一样。这里的区别在于，物种的进化要经历成千上万年，而癌症的发生则只需要数年，甚至更短的时间。

2009年斯特拉顿在《自然》杂志上发表文章，提出了"司机（驱动）突变—乘客（伴随）突变"的假说。意思是指在癌细胞中发现的突变基因的作用大小是不一样的：有的突变会直接引发癌的出现，有的突变不起主要作用。在过去的30年里科学家们发现了430个基因与癌症直接相关。已知人类基因组中包含大约21000个基因。这样，大约有2%的人类基因可以被称为致癌基因。

斯特拉顿实验室又对100名乳腺癌患者的基因组进行研究，发现了9个司机突变。加上过去已经发现的总共有40个司机突变。更为复杂的是，这40种司机突变在不同的患者体内出现不同组合。只有28名患者体内只有一种司机突变，多数患者体内存在多种不同的司机突变组合，个别患者体内含有多达6种司机突变。司机突变的随机组合，导致了乳腺癌治疗难度大为增加。最近癌症基因组的研究进展表明，癌症本身是一种多遗传性疾病。这恰好说明了为什么相同的治疗方案，对于不同的患者会有不同的疗效以及治愈的癌症患者有时会再度复发。

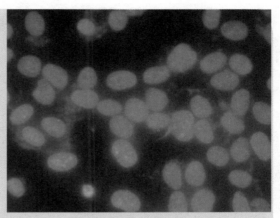

人表皮鳞状细胞癌

肾透明细胞癌是肾癌中最常见的一种，仅在美国每年就会新增3万个左右的新病例。科学家测定了101名这种病患者的全基因组序列，发现VHL突变出现了56次，PBRM1突变出现了44次。显然这两个司机突变是肾透明细胞癌的主因。此外，还发现了11个司机突变，但出现的次数较少，最多的7次，最少的只有1次。从分布情况看，有将近一半的患者有不止一个司机突变，最多的同时出现了3个。除此之外，另有22名患者的癌细胞内没有发现任何一个已知的司机突变，说明还有不少致癌基因有待发现。这项研究再次证明，同样一个癌症（肾透明细胞癌）可能有着完全不同的病因（致癌基因），以原发器官为分类标准的癌症命名法（比如肺癌、胃癌等）不一定合适了，未来的癌症可能会以基因突变的类型来划分。

癌症治疗技术的新突破

从20世纪60年代初开始，美国医学家托马斯不懈地探索把正常人的骨髓移植到白血病患者体内的方法来治疗白血病。60年代末他证实供体和受体的骨髓组织细胞的抗原必须尽可能相匹配，成功地解决了骨髓细胞移植时受体的严重排斥反应，使23例白血病患者中有12例治愈成活，给白血病人带来生的希望。他的成功使得在以外科移植手术征服这一顽症的道路上迈出了决定性的一步。

托马斯因此与美国肾脏移植手术的创始人默里共同获得了1990年的诺贝尔生理学／医学奖。

在大规模地比较癌症患者群体和正常人群体的基因组的差异，找到发生突变的DNA片段之后，可以有针对性地设计新型药物的分子组成、化合物结构，合成出更加有效的治癌药剂。在这一思路的引领下，2001年第一种靶向药物格列卫诞生。它成功地使98%的慢性髓细胞白血病患者的血细胞计数恢复正常。但大约10万人中只有一人会得这种病，所以它的市场预期较小。而另一种针对EGFR突变的靶向药物易瑞沙和特罗凯则不同，它们的应用是比较多的。为什么呢？这要从头说起。

细胞生物学的研究告诉我们：细胞的分裂、生长和凋亡都受一种叫作生长因子（EGF）的小分子蛋白质的调节。一个细胞释放出生长因子，在细胞间隙移动，与另外一个细胞表面的受体结合，就可以调节后一个细胞的生理活动。这个受体与生长因子的识别和结合专一性很强，即某种生长因子只和一种特异的受体结合，而不和其他的受体结合；而且受体通常是长链形的蛋白质分子，它的一端在细胞膜外，可以接收外界的信号，另一端在细胞膜内，可以把信号转达到细胞里相关的部位。通过基因组测序，科学家发现有的非小细胞肺癌患者的表皮生长因子受体（EGFR）基因发生了突变。有的乳腺癌细胞也具有突变了的EGFR。这些突变的EGFR即使没碰上任何生长因子，也会向细胞释放刺激生长的信号，引起细胞不断地分裂和生长，最后形成癌。科学家合成的特殊药物易瑞沙就是一种靶向药物，能够抑制EGFR相关的一种酶，能够阻断恶性的信号传递，从而压制癌细胞

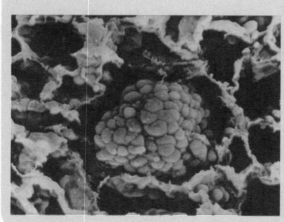

肺癌肿瘤

的生长。这种靶向药物就像现代战争中的巡航导弹或激光制导导弹，进入人体内会自动寻找目的物，找到癌细胞，再发挥作用。它对癌细胞周围的正常细胞都没有伤害，所以它比敌我不分的一般化疗药物的副作用小得多。

据相关研究指出，80%的肺癌患者到医院就诊时已是晚期，其中又有80%的晚期患者得的是非小细胞肺癌，而在这些患者中又有60%～70%的人得的是腺癌。所以这些患者刚来医院就诊时，最好进行EGFR基因突变检测。如果发现结果呈阳性，意味着EGFR基因确有突变，就可以服用它的靶向药物。作为靶向药物的易瑞沙和特罗凯都有较好的疗效，所以其应用较多。据临床统计，接受口服靶向药物治疗的总生存期可达30.9个月，比用顺铂或卡铂进行化疗的患者8个月的生存期延长了4倍，患者生活质量改善率达58%。除此之外，还有专门抑制血管生长的药剂，能够阻止肿瘤内血管的增生，因而能抑制癌的生长。

在肿瘤科医生的眼里，肺癌的治疗已经取得不小的进步。但是，他们又遇到更多新的问题。第一，肺腺癌晚期具有EGFR突变的患者早晚都会产生耐药性，服用易瑞沙的一半患者出现耐药的时间是9～11个月。虽然有的病人可以服药3年

仍有效，但是时间越长，有效的人越少。这种服药有效后又无效的获得性耐药的原因到底是什么？没有人知道。第二，经分子生物学检测，没有发现EGFR基因突变的其他肺癌患者怎么治疗？为拥有更多的靶向药物，还应该发现更多的司机突变。现在已发现KRAS突变、ALA重排、BRAF突变等十多个突变位点。一方面期望把相关的突变都找到，另一方面更困难的是要花费巨额的金钱研制一个又一个的靶向药物。第三，为什么食管癌、胰腺癌、头颈癌等很多病人都有EGFR突变，但是对肺腺癌有效的药物对它们就无效？第四，吸烟的人更容易

得肺癌，那么吸烟和EGFR基因突变有什么关系呢？……我国一位著名的癌症专家石远凯说："在临床中，你会发现你知道得越多，不知道的就更多。"他说得很正确，对付五花八门、千变万化的癌症，要取得全面重大的突破，还任重而道远呢！

期待更多方面的新突破

癌症是人的体细胞基因突变造成的，这是全新的人类基因组测序技术的重大突破带给我们的结论。那么，我们大家都知道，生活环境的恶化和不良的生活方式也和癌症有密切的关系。在这方面我们获得过什么突破吗？

由于从最源头的第一个癌细胞的突变，到它逃避人体免疫系统的攻击，完成自身的进化，形成一个亚细胞肿瘤，再继续突变、增殖、扩大，直到被医生确诊，通常都要经过几年、十年甚至更长的时间。在这样长的时间跨度里，癌症患者经历的事情非常多，所以很难确定癌症发生的准确的外部原因。

肺癌到底和吸烟有没有关系？直到今天，还有好多医生不能回答这个问题。因为太多的吸烟者没有得过肺癌或最后不是死于肺癌。但是，这一质疑早就存在了。转折点出现在20世纪的五六十年代，英国人做过的一次调查显示：在649名肺癌患者中，只有两人是非吸烟者。美国癌症学会调查了18000多名50~69岁的男性，为期两年，结果显示：每天吸烟一包以上的男性，死亡率比不吸烟的高75%。1964年美国卫生部的报告确认，吸烟使各个年龄段的男性死亡率升高70%。于是，1965年烟盒上开始出现"吸烟有害健康"

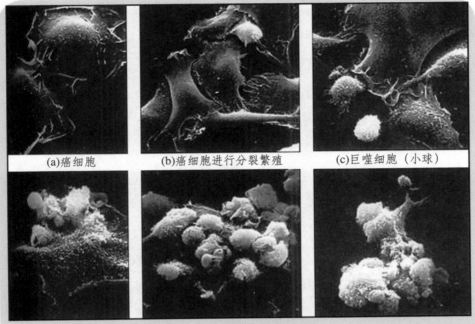

(a)癌细胞　　　(b)癌细胞进行分裂繁殖　　　(c)巨噬细胞（小球）

(d~f)巨噬细胞消灭癌细胞

的警示标志，1970年烟草广告也被禁止。多种措施使吸烟的人数逐年减少。从20世纪90年代开始，美国男性肺癌的发病率开始下降，之后肺癌的死亡率也开始降低。与美国形成鲜明对比的是，2008年中国卫生部公布的第三次全国人口死因调查的结果显示，限烟乏力的中国在过去的30年里肺癌的死亡率上升了4.65倍，已经替代肝癌成为我国的癌症死亡第一杀手。吸烟是男性人群中主要的癌症死因，约占33%；在女性人群中约占5%。

对中国人说来，另一个重要的癌症诱因是慢性感染，也就是各种各样的慢性炎症。本来，人体内都有自生的抗癌机制，即人的巨噬细胞可以发现并消灭个别的、少量的癌细胞，但是慢性炎症破坏了这一自我保护机制。慢性感染导致的癌症死亡率男性和女性分别为32%和25%。流行病学家的统计表明，在公共卫生欠佳的不发达国家，由感染引起的癌症占比22.9%；而在发达国家，仅为7.4%。

除去这两个诱因外，环境污染也是大家公认的一个诱因。国家环境保护部发布的《2012中国环境状况公报》称，全国环境质量状况总体保持平稳，但形势依然严峻。一是全国水环境质量不容乐观。长江、黄河、珠江等十大流域的国控断面中，劣V类水质断面比例为10.2%；黄河、松花江、淮河和辽河为轻度污染，海河为中度污染；在监测的60个湖泊（水库）中富营养化状态的占25.0%；198个城市4929个地下水监测点位中，较差到极差水质的监测点比例为57.3%。二是关于空气的质量。按照2012年新制定的《环境空气质量标准》要求，全国325个地级及以上城市中，达标的城市比例仅为40.9%；113个环境保护重点城市中，达标城市的比例仅为23.9%。近年来，在大面积国土上蔓延的雾霾天气使$PM_{2.5}$细微颗粒的危害变本加厉。三是土壤污染的情况，只见到一些局部的信息。例如，湘粤两省发生过"镉大米"和"镉蔬菜"的事件，2009年深圳粮食集团退回过湖南上万吨的镉超标大米；国家海洋局有报告称，2012年通过珠江流向南海的重金属超过3700吨；根据《全国土壤环境保护"十二五"规划》，在5年内用于污染土壤修复的中央财政资金将达300亿元。

环境的污染是快速发展的无数个工矿企业，汽车、飞机等交通工具，风起云涌的城镇化建设长年累月造成的，它的治理难度极大。再加上日常生活中围绕在人们周围的成千上万种化工产品（燃料、塑料、树脂、溶剂、化肥、杀虫剂、化学纤维、建筑装饰材料、放射性物质、食品添加剂、洗浴用品……），还有生活、旅游、饮食……不知道哪一个因素就在悄悄地、潜移默化地诱导着人们的哪一个基因发生了突变。

所以，无论是从预防癌症的角度还是从治疗癌症的角度；无论是癌症诱因的治理、人们生活方式的改善，还是所有与癌症有关的突变基因的检出与鉴定；无论是现有治疗癌症方法的改良或综合应用，还是研制新型的分子靶向药物进行个性化治疗……人们所面临的挑战都是无法想象、无法计数的。总之，与癌症的征战虽也取得了一些突破，但未突破的空间仍然巨大！

光合作用开创了万紫千红的生命时代

光合作用在世界上存在已有数亿年了，但是人类是怎么发现光合作用的呢？人类又是怎样认识到光合作用的过程和细节的呢？各国科学家历经200多年不间断的研究，使人类对光合作用的认识逐渐地积累起来，才实现了对光合作用认知的突破，才明白了确实是光合作用开创了我们星球生命形式万紫千红的新时代。让我们循着先人的足迹，穿越时空的隧道，浏览前人的历程，设身处地地去体验一下发现、发现、再发现的乐趣吧！

万紫千红——俄罗斯邮票上的花卉

早在1753年，俄国学者罗蒙诺索夫已有"由肥大的叶子从空气中得到了丰富的肥料"的想法。

1771年，英国化学家普雷思特利发现，当把老鼠单独放在密闭的钟罩内，老鼠不久就会死去；但如果将老鼠和植物（薄荷）一起放在密闭的钟罩内，老鼠的生命就可以延长很多。所以他认为，绿色植物可以改善空气环境，有利于动物生存，但他没有注意到光的作用。

8年后荷兰医生因根霍茨指出，绿色植物只有在阳光下才具有这种本领；如果在黑暗中，绿色植物和非绿色植物一样会破坏空气环境，不利于动物生存。

又过了几年，瑞士人森尼比尔（1782）用试验证明，只有在空气中含有CO_2

矿质元素溶液培养的植物

时，植物才有改善空气的能力，而且这种能力随空气中CO_2含量的增加而增强。

1804年瑞士学者索绪尔通过定量研究进一步证实CO_2和水是植物生长的主要原料。

1851～1855年，布森格又进行了一系列更为严格的试验，证明高等植物可以在光下、在完全不含有机物的培养液中生长和发育，这就是光合作用的贡献。

为什么要研究光合作用？

大家都知道绿色植物能进行光合作用，可是大家知道光合作用有多重要吗？光合作用的意义有多大？这都是我们应该要了解的基本科学问题。

光合作用是现今地球上唯一的、最大规模的将无机化合物转变为有机化合物的天然过程，因而也是无与伦比的伟大现象。绿色植物中靠光合作用合成出

动物依赖光合产物

来的有机化合物通常占其总干物质的90%以上。有机化合物都含有碳元素，碳元素大约占有机化合物质量的45%，而且碳原子构成了所有有机化合物的骨架。因此，植物的碳素营养和有机物代谢是植物的生命基础。而动物和人类又直接地或者间接地最终仍是以植物为食的，所以光合作用是整个生物界赖以生存的基础。据估计地球上每年光合作用固定大约2000亿吨碳元素，合成出5000亿吨有机物质。这些有机物质中有糖类、纤维素、油脂、蛋白质、核酸、维生素和各种色素。人类生活所必需的粮、棉、油、菜、果、茶、药和木材等都是植物光合作用的产物。

光合作用是极其巨大的能量转换过程。绿色植物中的叶绿体可以吸收太阳射来的光能，把它转变为活跃的化学能（即形成能量载体三磷酸腺苷ATP和强还原剂NADPH），进而还原CO_2合成糖类，完成从活跃的化学能向稳定的化学能的转变。以上述每年合成5000亿吨有机物计算，相当于贮存了320000亿亿焦耳的能量。当今，工农业生产和日常生活所利用的主要能源如煤炭、石油、天然气、木材等，都是古代和现代的植物光合作用所储存的能量。

光合作用就是绿色植物在光下同化CO_2和水合成有机物质并释放氧气的过程。所以，它还能净化空气，改善人类居住的生活环境。地球上氧气总量约为1180万亿吨，这是绿色植物通过10亿年以上的光合过程积累起来的。但是，现在全球生物呼吸和燃料的燃烧每秒钟就消耗1万吨氧气，相当于每年消耗8.64亿吨氧气。然而绿色植物通过光合作用每年能向

热带雨林——光合作用的代表

光合作用带动氮、磷、硫等元素的循环

大气释放氧气5350亿吨，使其成为一个空气净化系统。

　　光合作用的碳同化过程驱动着自然界的碳循环过程（简单的无机物CO_2中的碳被合成为各种复杂的有机物，然后又被分解，最后又回到CO_2）。而碳循环又带动了自然界其他元素的转化和循环。在植物叶片中合成有机碳化物的同时，也把根系从土壤中吸收的含有氧化态氮、磷、硫等元素的化合物转变成植物细胞可以利用的还原态元素，进一步参与有机物合成过程。据统计，每年进入碳循环的氮有600亿吨，磷和硫分别有85亿吨。

叶绿体是进行光合作用的微型工厂

　　我们在上节说到，光合作用是无比宏大的生产过程，那么它是不是在一个巨大的工厂里进行呢？恰恰相反，光合作用都是在植物微小的绿色细胞里完成的。而且，光合作用是分散在绿色细胞内的叶绿体中进行的。叶绿体有多大？非常微小，一般呈椭圆形，直径为3～6微米（1微米等于千分之一毫米），厚约

2～3微米。通常，每个叶肉细胞当中含有50～200个叶绿体。这么小的叶绿体只能用放大几十倍到几百倍的显微镜才能看得到。植物生理学家把绿叶剪碎研细后，利用离心机在一定的转动速度下把叶片匀浆中的叶绿体分离出来，再用化学研究中常用的极

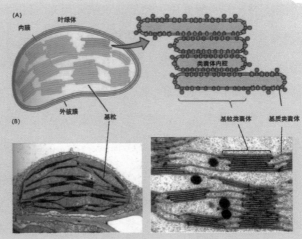

光合工厂——叶绿体

谱法测定到了叶绿体的悬浮液受到光照以后有氧气释放出来。

科学家们在得到了叶绿体是植物进行光合作用的微工厂的试验证据以后，并没有停滞不前。他们又继续问道：叶绿体是均匀的吗？它们还有更细微的结构吗？于是，科学家们又制造发明了能放大几千倍到上万倍的电子显微镜，结果观察到了叶绿体的外周是双层被膜，其内部有更细微的膜系统。再用离心力更大的离心机把这些膜系统沉淀分离出来，确定了在叶绿体里边有许多类囊体膜。研究它的化学组成，发现它们是由光合色素（包括叶绿素和类胡萝卜素）和各种蛋白质组成的，这样又进一步发现了4种色素蛋白复合体。

光合作用机理研究的突破

光合作用对自然界和我们人类社会这么重要，所以科学家们早就开始了对光合作用的原理及其内在过程和变化的研究。迄今为止已发现至少有几十个物理和化学的反应步骤包含在光合作用这一复杂的生理过程当中。这里仅举两个例子加以说明。

1937年英国学者希尔（R. Hill）将从叶片分离出的叶绿体加入到含有适宜氢

受体（A）的水溶液中，然后对水溶液照光，结果观察到有氧气放出。这就是水的光分解现象，水中的氢原子被剥离出来，和氢受体结合，而游离氧被释放：

$$2H_2O+2A \longrightarrow 2AH_2+O_2$$

有许多容易被还原（即容易接受电子）的化合物可以作为上述反应中的氢受体，例如没有生理活性的铁氰化钾或草酸高铁盐、有机的2，6-二氯酚吲哚酚、苯醌、氧化态的辅酶Ⅰ或辅酶Ⅱ（即NAD或NADP）。无论CO_2存在与否，这些化合物在光下都可以支持放氧反应。这个反应已经成为测定光合作用中光反应活性的常用反应，也称为希尔反应。这一重大发现使人震惊，原来在化学上非常稳定的、在常温常压下不可能分解的水分子居然能在常温常压下的绿色细胞里，甚至更小的叶绿体里被分解，放出氧气和还原剂氢。后来又经许多研究证实，水被光分解后产生的氢离子和电子通过电子传递链和光合磷酸化，形成了稳定的还原型辅酶Ⅱ（NADPH）和高能化合物ATP。这两个化合物合称为"同化力"，代表着光合作用前半部分"光反应"的成果，将被用于其后"暗反应"中CO_2固定产物的还原。

第二个例子是在20世纪50年代，美国学者卡尔文、本森等应用放射性同位素^{14}C标记各种化合物，结合滤纸作层析载体、有机溶剂分离技术，进行了光合作用同化CO_2的机理研究。他们用标记的$^{14}CO_2$供给小球藻、栅藻等单细胞绿

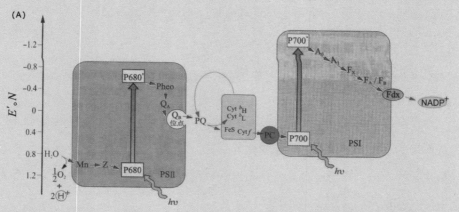

Z形电子传递链中各个载体的电势（Em）。各电子载体在纵坐
标上的位置反映出它们的氧化还原电位（伏特）。

藻，在照光不同的短时间后，分别加入沸乙醇终止反应。然后用纸层析、放射自显影方法鉴定含有 ^{14}C 的各种化合物出现的先后顺序及其分布情况，以推断 CO_2 在绿藻细胞内转变的途径。从双向纸层析放射自显影的图谱中发现，给绿藻照光30秒后就已出现许多斑点，

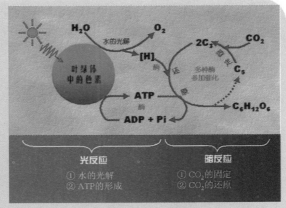

光合作用图解

说明已有许多 ^{14}C 标记的化合物形成；若将照光时间缩短到2秒，发现纸层析谱上只有一个斑点。经过定性分析确认它就是3-磷酸甘油酸，是 CO_2 被固定后的第一个产物。此后，他们又做了不同时间终止反应的试验，发现了碳固定后顺序产生的一系列化合物，以及催化这些碳固定系列反应的酶。卡尔文与其同事经过10年的不懈努力终于阐明了这条碳同化的 C_3 途径（因为其第一个产物是个三碳糖），被认为是20世纪50年代对光合作用研究最杰出的贡献。为此，他们获得了1961年诺贝尔化学奖。这个卡尔文循环就是光合作用的后半部分——暗反应，发生在叶绿体内除去类囊体膜之外的叶绿体基质中。

总之一句话，光合作用分两步完成，即光反应和暗反应，它们分别在叶绿体内的类囊体膜上和膜外的基质里进行。21世纪初美国出版的《植物生理学》教科书（泰兹、蔡格编著）已把这两部分写成两章，每章内又分许多节来叙述。可见20世纪30年代发现的希尔反应和50年代发现的卡尔文循环，确实代表着重大的突破。在这两个先驱性的研究之后，似雨后春笋般的研究又产生出累累的硕果。

思考和争论：期待新的突破

光合作用不但是一个重大的基础研究课题，而且是一个重要的社会和生产实践问题，所以，它受到各方面的重视就不足为奇了。生理学家想更多地了解光能的吸收、转化及有机物合成的细节。分子生物学家希望弄清光合反应中心、电子传递链上的蛋白质和卡尔文循环中各种酶蛋白的组成、构型及其编码基因的表达调控。农学家们则十分关注外界环境因子（如光、CO_2浓度、温度）怎样调节光合速率，因为动态变化环境中的光合速率在很大程度上决定着植物的生产力水平——农作物的产量。生态学家们则对光合速率是怎样通过影响叶片气孔来调控大气湿度和土壤湿度的间接效应，以及"适者"是怎样"生存"的感兴趣。

20世纪50年代末，当时中国正掀起社会主义建设的新高潮。在"大跃进"

光合作用是社会经济的基础

思潮的鼓动下，各地人民公社的干部和农民争相"大放卫星"，也就是创造粮食增产的新纪录。据新闻报道，不论是小麦还是水稻，每亩平均产量从几百斤飙升到几千斤，甚至一万多斤。当然，这种弄虚作假的伎俩最终都现出了原形。

就在这被"胜利"冲昏头脑的热潮中，报纸上发表了一篇我国著名科学家的权威观点：根据太阳照射到地球单位面积表面上的总能量和植物最高光合速率转化成有机物的综合计算，每亩地生产几万斤粮食是完全可能的。这种不科学的、添油加醋的说法被历史证明是有害无益的。

为什么呢？光合作用确实最终以生产粮食的方式体现出它的社会经济价值，但是只有落在植物叶片上的光才有可能被利用，而且最后能被转化成为经济产量的光能的比例并不大。所以，至少应该从两个方面来考虑怎样增加产量。

一、延长农作物的光合作用时间，增加它们的光合作用面积

1.延长光合作用时间有三种途径。

（1）作物生长初期植株矮小，没有足够的绿色叶片来吸收光能，引起漏光损失。农民可以用地膜覆盖保温，适当提早播种，使叶片能尽早进行光合作用；对蔬菜等作物可采用温室育苗，适时早移栽，使叶片尽早覆盖地面；加强田间管理，防止后期叶片早衰，最大限度地延长生育期。

（2）提高复种指数。复种指数是指全年内农作物收获面积对耕地面积之比。通过轮种、间种或套种，在一年里巧妙地搭配各种作物，使一年一熟制改为一年两熟制或两年三熟制，缩短耕地空闲时间，减少漏光率。

（3）必要时补充人工光照（温室或大棚内）。

2.增加光合面积。光合面积即植物的绿色面积，主要是叶面积。通常以叶面积系数（单位土地面积上的叶面积与土地面积之比）来描述。叶面积系数太

密植菠菜

小，不能充分利用太阳辐射能；叶面积系数过大，叶片重叠遮阴太多，通气不畅（CO_2供应不足）易生疾病，下部叶片变黄，没有光合能力反成消耗器官。生产实践表明，小麦、玉米、水稻、棉花、大豆的最适叶面积系数在4～5之间。

（1）合理密植，就是在田地里种植并保持较高而又合适密度的作物株数，打下最适叶面积系数的基础；再通过施肥和灌溉控制作物生长，进行细调，保持最合适的叶面积系数。

（2）通过育种选株型，就是在育种过程中把具有最优株型的品种选育出来，投入生产。以禾本科作物为例，其优良株型应该是矮秆，叶较小、较厚而直立，分蘖较多，株型紧凑。种植理想株型品种有利于做到密植、扩大光合面积、减少漏光和反射光损失，又能做到耐肥不倒伏、充分进行光合作用。

二、提高光合效率

照射到地面的太阳辐射能，因所在地的纬度和季节而异，也因每天当中不同的时间和天气情况而不同。即使照射到叶片上的太阳光，也仅有400～700纳米波段可以被植物光合利用，那些长于700纳米和短于400纳米的辐射都是不能被叶绿体利用的。所以，其可利用的光能已降至不到一半。再加上叶片反射和透射掉的光丧失8%的光能；以热能耗散的形式损失8%的光能；光合作用合成的中间代谢产物和最终产物的一部分又被光呼吸和暗呼吸消耗掉，一般占光合产物的20%。扣除以上所有损耗，能被光合作用转化为有机物的光能仅占照射到叶片上的总光能的5%。

农作物开花之后结出的果实或种子仅是它全身的一部分，以水稻为例，其稻谷最多占整株生物总重量的一半。据植物生理学家推算，以广州地区的太阳光辐射能为基础，把降低光能利用率的所有因素考虑进去，水稻一季稻谷亩产最多大约1000千克。

为提高光合作用效率，增加空气中的CO_2浓度已被实践证明是一个行之有效的方法。但这一方法只能在大棚、温室里应用，目前还没有人开发出在自然环境中应用的方法。通过以提高光合作用效率为目的的育种工作来选出具有高光效的品种仍是一个充满诱人前景的可能途径。虽然提高光能利用率有种种客观的限制，但是人类仍将会在这一征程上不断前行。让我们期待更振奋人心的突破吧！

为人类的能源做出新的突破

问题的提出

　　人类现在的生活比起几百年前发生了翻天覆地的大变化，那时，没有电灯、电话，没有电视、空调，也没有汽车、火车，更没有飞机、火箭，也甭提电脑、网络、信息化了。那是什么东西让它们运转起来的呢？能源！是能源让它们都动了起来！帮助人们过上幸福生活的能源从哪儿来？它们大部分来自于煤炭、石油、天然气。这些埋在地下的，不论是固体、液体还是气体的物质，归根结底都是亿万年前植物光合作用合成的碳氢化合物。在燃烧它们放出能量、发出电力来的同时，也向空气排放出大量的CO_2和其他的SO_2、氮氧化物等副产物。

利用水力动能加工稻谷的水碾

　　中国虽然还是个发展中国家，但汽车工业的发展却在全球金融危机和经济大萧条的围追堵截中逆势上扬。在2009年一年里中国生产和销售的汽车数量首次超过1000万辆。这不但意味着在生产这些世界第一数量的汽车的过程中已经消耗了同样世界第一的电力能量，而且在使用这些车辆的今后几十年里，还要消耗更多的汽油和柴油。

2009～2010年的冬季是个很特别的冬季。在整个北半球，包括亚洲、欧洲、美洲，寒冷的冬季开始得早，延续时间长，而且还特别寒冷。人们为了取暖，必然烧掉更多燃料。而2013年的夏天又是个高温持续时间特别长、覆盖地域特别广的夏季，同样需要消耗大量能源来让空调运转。

几年来，全球石油储量一直被认为"还能再开采40年"。虽然对此还可能有争议，有的国家正在开发页岩油和页岩气，但石油是一种有限的资源、石油每

石油化工厂

海上油井

年的消耗量越来越多是不争的事实。况且，石油、煤炭等化石能源不但含有热量，而且还含有大量的、各种各样的化工原料，人们已经可以把它们用于制造工程塑料、塑料用具、人造树脂、农药、医药、包装材料……如果仅仅把这些复杂的有机化合物原料付之一炬，放出热量，那就太浪费了。

　　人类很可能用几百年的时间就把植物光合作用耗了几亿年时间积累起来的能源物质消耗殆尽。这样做不但吃掉了子孙后代的饭，而且燃烧大量的化石能源，产生了巨量的CO_2和其他的空气污染物。CO_2是最主要的温室气体成分，二百多年来工业社会排出的CO_2积累起来，已经使全球变暖，平均气温升高了0.58摄氏度。这将引起一系列的灾难性后果。燃烧化石能源还产生了SO_2和氮氧化物，SO_2引起大面积酸雨，氮氧化物是$PM_{2.5}$细微颗粒物的成分之一。所以，人类必须未雨绸缪，除去开发太阳能、风能、水能、潮汐能、地热能等可再生能源之外，生物燃料的利用也是一个很好的选择。

开发出新的生物燃料

生物的残体自古以来就是人类的燃料。人类的进化伴随着对火的利用,几千年前古人类遗址中发现的用火的残迹中就有烧过的树枝、草灰和稻壳。火带给人类温暖和熟食,开创了人类利用外界能源的先河。生物燃料一直伴随着人类,给人类的发展做出了无与伦比的贡献。但现代的人类利用生物作燃料已经不再是那样简单地烧掉了,而是使用科学的方法更高效、更广泛地利用。

当今生物燃料中的新突破是生物质燃料,指的是所有以生物为原材料加工制成的燃料。生物质燃料大致可分为两种:一种是从甘蔗、玉米、高粱等造酒原料中提炼的生物乙醇,另一种是以植物油以及动物脂肪为原料加工制成的生物柴油。

生物乙醇可以兑到汽油中,代替一部分汽油作汽车的燃料。但是,汽车使用每升生物乙醇的行驶距离仅仅相当于使用汽油行驶距离的60%。也就是说,要想和消耗1升汽油跑相同的距离,就必须燃烧掉1.67升生物乙醇。

生产生物乙醇的原料植物——甘蔗

生物乙醇的制造过程和千百年来制造白酒饮料的过程差不多。如果把甘蔗或甜菜等以糖为主要成分的原材料粉碎、匀浆后，就可以加入醇母，在密闭不透气的适当温度下，把糖转化为乙醇，再经过浓缩（到95%左右）生产出燃料乙醇。如果以含淀粉为主的

利用玉米生产生物乙醇

玉米、高粱或木薯、甘薯等作为发酵的原材料，就还需要加入一步将淀粉降解为糖分的过程，之后就和从甘蔗中制造乙醇的方法完全一样了。

中国和美国都是以玉米为主要原料生产生物乙醇的国家，而且其产量很大，分别占世界第三和世界第一。每公顷（1万平方米）生产的玉米平均大约能制造出2100升以上的生物乙醇。而巴西和印度地处热带，可以种植大面积的甘蔗。它们是以甘蔗茎秆为主要原料生产生物乙醇的国家（产量分别占世界第二和第四）。由于高大的茎秆产量高，每公顷甘蔗平均能生产出5200升生物乙醇。

表1　2006～2012年世界乙醇生产量（百万升）

世界乙醇产量 （百万升）	2006	2007	2008	2009	2010	2011	2012
欧洲	1627	1882	2855	3645	4254	4429	4973
非洲	0	55	65	100	130	150	235
北美和中美洲	18716	25271	35946	42141	51584	54765	54580
南美洲	16969	20275	24456	24275	25964	21637	21335
亚洲和太平洋地区	1940	2142	2753	2927	3115	3520	3965
合计	39252	49425	66075	73088	85047	84501	85088

从表1中可以看到全球乙醇产量呈现稳步上升趋势。北美洲（以美国为主）和南美洲（以巴西为主）的乙醇产量在世界产量中占主要份额。欧洲和以中国

生物柴油设备

为首的亚洲每年的乙醇产量也在逐步增加。

生物柴油是由植物油加上甲醇经过酯交换反应而产生。这个反应的目的是降低植物油的浓度和氧含量。在这过程中甲醇和植物油中的脂肪酸反应，在催化剂的作用下产生生物柴油和甘油。

为了开动汽车，同时又要节省从石油中提炼出来的汽油或柴油，人们不得不绕个大圈子，投入大量经费建设大工厂，来从植物里提取生物质燃料。这样做的好处是什么呢？因为植物是可再生的原料。不管是玉米、甘蔗，还是油菜、油棕，它们都能进行光合作用，都能够在阳光照射下吸收CO_2，去合成淀粉、蔗糖、油脂类物质。当把这些生物燃料烧掉时，排放到大气中的仅仅是合成它们时吸收的CO_2。于是，人类利用能量时放出的CO_2总量和植物光合作用吸收的CO_2总量相等。大家知道，地球变暖的主要原因是温室气

添加生物柴油

体的增多，而CO_2就是温室气体的主要成分。所以，利用生物质燃料不会产生"新"的CO_2，有利于遏制全球变暖的趋势。这种CO_2平衡的理念已在1997年通过的《京都议定书》和2007年政府间气候变化专门委员会（简称IPCC）第四次评估报告中反复提到。

投入下一个突破的征程

生物燃料好是好，有利于环境保护、可持续发展，可是真正实行起来，遇到的困难和挫折也不少。因为生物质燃料的原材料玉米、甘蔗、木薯和油菜、大豆等油料作物大都是农业耕地上生产出来的农作物；农田一旦被用于制造乙醇等燃料，就使得农作物的供应紧张，价格上涨。有的国家和地区的老百姓甚至因此面临粮食供应紧缺，不得不忍饥挨饿。

所以，不少科研人员目前正在尝试以非粮食作物作为原料，例如以稻草、麦秸等秸秆，芒草等野生杂草或废木料等废弃物为原料提炼生物质燃料。这些原料在自然界存在数量很大、稻草、麦秸等秸秆又难于分解、放置。不依赖农田种植的野草更好，以芒草为例，全世界约有14个野生种，中国就拥有7个，分布于几乎所

制造生物乙醇的原料——高粱

芒草的生物质产量很高

有气候带；芒草属于禾本科植物，生性抗旱耐寒，对水、肥的要求不高，收割处理容易，还具有高效率利用CO_2的碳₄光合作用途径，所以其生物产量很高。美国伊利诺伊州的科研人员得到的结果表明，在几乎不施肥的条件下，一种巨芒草的生物质产量达到了平均每公顷30吨。

秸秆的主要成分是植物利用光合作用形成的细胞壁。细胞壁含有大量的纤维素和木质素，是很难被动物肠胃消化或微生物发酵分解的物质。如果科学家能从原先被遗弃的纤维素中提炼出乙醇来，那么这将是一个巨大的成功。它不但是将废物利用，而且不与人类争夺食物资源。日本东京大学农业生命科学研究院的科学家们已经进行了这方面的研究。他们把附近农田的稻草切断粉碎后加入酶，使纤维素转化为糖分（糖化过程），然后再发酵、经过蒸馏提炼出乙醇。用目前最有效的生产方法，1吨稻草能制出300升乙醇。虽然原型实验已经完成，但还不可能投入生产。原因就是成本太高：要制成1升乙醇所需的糖化酶的成本大约是300日元（约合22元人民币），仅酶的成本就远远超过汽油的价值或以粮食为原料制成的生物质燃料的成本。

生物柴油的开发也遇到相同的问题。大豆、油菜、向日葵等油料作物种子含油很多，但它们都是农业土壤中生产出来的农产品，也不太可能用于制造生物柴油。比较有希望的植物是在非洲干燥地区生长的麻风树，它的种子有毒，不会

油棕

沼气工程

被动物作为食物，而可以用于榨油。东南亚地区生长的油棕可以用来生产棕榈油。可是一旦种植麻风树或油棕的土地和水源必须用于栽种粮食等更重要的农作物时，就不能再种植这些油脂植物了。所以，现在日本人又开始研究从藻类细胞中提取燃油的方法了。他们发现的微细藻细胞可以制造并储存油脂，其产量比大豆和油棕都大得多；而且可以利用从工厂排出的废CO_2气，在温室内利用太阳光培养微细藻，避免和农作物争地。

另外，沼气虽然是一种古老的燃料，但它确实是清洁、便宜、多用途的绿色能源。沼气由人和动物的粪便、厨余垃圾、食品等轻工业的废料等有机物通过在发酵池中进行无氧发酵而产生，发酵过程一般需要几周。沼气是甲烷和二氧化碳的混合物，由于发酵程度不同其成分稍有区别。利用沼气既可变废为宝，又可节省化石能源，所以它仍不失为一种可持续利用的生物燃料。

总之，我们当今的社会已经遇到了严峻的挑战：工农业生产、交通运输和人类生活都需要消耗大量的能源，而一直作为能源主力的化石燃料不但剩余不

多，而且在燃烧过程中会排放大量CO_2，引起全球变暖，进一步恶化人类的生存环境。为了解决这一世界难题，我们必须既抓节约能源、提高能源使用效率、减少CO_2排放，又抓能源结构的调整。在能源结构调整方面，要大力减少煤炭、石油等化石能源的开采和利用，要迅速发展多种洁净和可再生的能源，这其中包括水力发电、风力发电、太阳能发电和生物质能的利用。

需要更多人理解的转基因

转基因的兴起和阻力

中国在改革开放以后，农民的生产积极性大为提高，农业生产发展很快。20世纪90年代，棉花主产区棉花害虫危害甚为严重，棉花减产超过40%。为消灭各种害虫，棉农的农药消耗量猛增。连续多年下来，害虫的抗药性大为增长。有棉农说，棉铃虫最猖獗的时候，虫子泡在药水里，拿出来之后还能蠕动。于是，美国转基因抗虫棉的种子乘势而入、大行其道，1998年美国最大的生物技术公司孟山都公司占有了中国棉花种子市场的95%。

幸亏，当时中国农科院搞生物技术的科学家们也研制成功了自己的转基因抗虫棉，1999年进入产业化推广。在与国外棉种的竞争中，因为我们的抗虫棉种子便宜得多，近年来国产转基因抗虫棉所占的市场份额已超过90%。2011年我国抗虫棉种植面积达到390万公顷，占全国棉花总种植面积的71%。至2011年

非转基因普通棉和转基因抗虫棉

全国累计种植抗虫棉约2500万公顷，14年的应用，减少农药用量80多万吨（相当于我国化学杀虫剂年生产总量的7.5%），新增产值440亿元，农民增收250亿元。可是，反对转基因农作物的人们却宣传：转基因抗虫棉不但没有解决问题，反而制造了更多的问题，棉农将面对不受控制的超级害虫，将不得不使用更多毒性更大的化学农药。

普及种植转基因棉十多年以来的事实说明，到目前为止并没有发现棉花害虫的种群已经对转基因棉产生了抗性。中国农科院植物保护研究所的试验结果表明，棉农种植转基因抗虫棉可以少用70%～80%的农药，不但节省了大笔药费，还减少了人畜因农药的伤亡，保护了农田环境免受化学污染；在种植转基因棉的田地中害虫的天敌数量大幅度增加，而棉铃虫的数量减少了几百上千倍。那棉花产量的提高和质量的改善便是理所当然的了。

转抗除草剂基因的大豆

可是大豆就没那么幸运了。美国孟山都公司研发出了能够抵抗除草剂的转基因大豆品种。在大规模机械化种植中，喷施除草剂后转基因大豆苗能不受伤害而继续生长，而杂草都被杀死。因而大豆生产成本较低，市场竞争力很强。在中国没有人研究这个，还是用老方法生产大豆，人工锄草成本高，因而产品卖得贵。在市场经济主导下，榨油厂更愿意购买国外进口的大豆来生产大豆油。我国从2003年开始进口大豆，并逐年增多，2011年进口量达到5260万吨，主要来自美国、巴西和阿根廷。于是现在中国成为全球最大的大豆进口国，进口的绝大部分是转基因大豆。所以，实际上很多中国人已经吃了不止一年的转基因大豆油了，而且没有任何事实证明这种油和非转基因大豆油有什么差异。可是，受到进口大豆挤压的某省大豆协会的个别人仍然坚持转基因大豆油致癌的观点。

最不被理解的是转基因水稻了。2009年华中农业大学张启发院士的研究团队，在等待了11年之后，终于拿到了"转基因抗虫水稻华恢1号"和"转基因抗虫水稻籼优63"两张转基因水稻安全证书。但是，不幸的是，反对转基因的人群发动了强大的舆论攻势："虫子不吃，为什么要给人吃"，"虫子吃转基因水稻会死，人也会中毒"，"转基因作物可能成为杀人不见血的生物武器，带来的后果将远超过鸦片战争"……绕不开的民意，推迟了转基因粮食的商业化步伐。

对未知食物本能的怀疑和拒绝是大多数人的天性，在食品安全问题层出不穷的当下，又有个别人故意在互联网上制造和散布谣言，就使这种天性膨胀开来。这时只能靠人的理性来克服盲目的恐惧和跟风，而要秉持理性的态度，只能通过对新生事物的了解来实现。所以，普及科学的知识、坚守科学突破的阵地，就是我们义不容辞的任务。

转基因是怎么回事？

转基因是怎么回事还要从基因是怎么回事说起。

1865年，奥地利人孟德尔发表了一篇3万字的论文《植物杂交试验》，阐释了他对豌豆的花的颜色、种子的形状和种皮颜色等7个独立性状的遗传学研究结果。他发现了决定这些性状的遗传因子在形成雌、雄配子时是独立分离、自由组合到配子里去的。孟德尔的突破奠定了经典遗传学的基础。但是在当

孟德尔的实验材料——豌豆

时没有人注意到他的成果。直到1900年，后来的科学家才发现并肯定了孟德尔的成果。1909年丹麦生物学家约翰逊根据希腊文"给予生命"之义创造了"基因"一词，替代了孟德尔的"遗传因子"。从此，基因的概念逐渐被科学界所接受。

摩尔根的实验材料——果蝇

20世纪初，美国科学家摩尔根利用具有唾腺大染色体的果蝇做了一系列试验，确立并发展了遗传的染色体理论，知道了基因就定位在染色体上。1928～1952年，英国细菌学家格里菲斯和美国科学家艾佛里所做的肺炎球菌试验，还有美国科学家赫尔希与蔡斯的噬菌体试验，以强有力的证据证明了生命的遗传物质是脱氧核糖核酸DNA，基因就是由DNA组成的、决定遗传信息的结构单位。在分子生物学发达的现代社会，基因就是编码一条蛋白质特异多肽链或一段特异RNA顺序的DNA核苷酸片段。

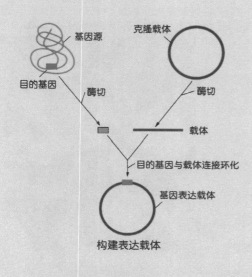

转基因技术中的一个环节

下面将要说说转基因了。转基因通常是用来指代转基因技术、转基因生物或转基因食品的缩略语或代名词。转基因技术是将人工分离或修饰过的基因导入生物体基因组中，借助此新基因的表达，引起生物体性状可遗传变化的一项技术。简而言之，它是将目的基因转入受体细胞的各种基因转移的方法。所以，首先要通过一系列的分子生物学的研

究，发现并确定某个（些）具有
较大意义并值得去转移的基因；
然后，要选准应该获得该基因的
植物、动物或微生物作为接受
体，并通过组织培养（即体外培
养）的方法获得其单个的细胞；
第三步是组建成能在受体生物正
常代谢控制下、能在特定组织细

植物的组织培养

胞中表达的某种DNA构件；第四步是通过物理的、化学的或生物的方法把带有
新基因的DNA构件转移到具有全能性的受体细胞中去；最后是用各种培养方
法把转基因细胞经过生长、分化培育成完整的生物体。这就是转基因技术的基
本流程。而转移DNA构件的物理方法则包括电穿孔法、颗粒轰击（又称基因
枪法）、显微注射和直接注射等；常用的化学方法有：脂质体介导转移、磷酸

植物的水培技术

钙沉淀、氯化钙转化等；生物学方法的例子有：农杆菌感染的方法和植物病毒（如烟草花叶病毒等）感染受体细胞的方法等。

实际上，传统的杂交育种和转基因培育新品种二者都是基于基因传递的原理。其区别在于，传统杂交育种往往周期比较长；而转基因的技术加快了这一进程，并且更加精确。更为特别的是，转基因技术使得本来不能杂交的物种之间的基因传递成为可能。转基因生物就是含有本来不属于自己的外来基因的生物。一般来说，外来基因可以给物种带来新的特征。比如可以合成新的蛋白质和酶，或者产生其他有用的物质。

转基因的好处

首先，有的转基因技术通过在玉米、棉花等农作物细胞中插入特定基因来抵抗害虫。一个应用非常广泛的例子就是Bt玉米。Bt玉米是通过插入苏云金芽孢杆菌基因到玉米基因组中来达到抵抗害虫的作用，来源于苏云金芽孢杆菌的一个特定基因会在玉米生长过程中进行表达。表达出来的蛋白质在害虫把玉米

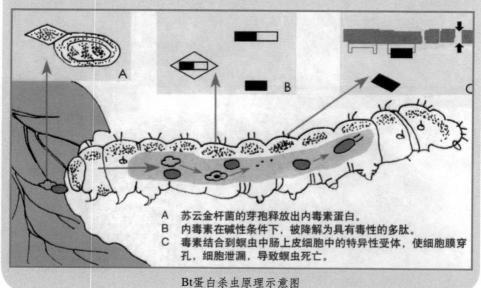

A　苏云金杆菌的芽孢释放出内毒素蛋白。
B　内毒素在碱性条件下，被降解为具有毒性的多肽。
C　毒素结合到螟虫中肠上皮细胞中的特异性受体，使细胞膜穿孔，细胞泄漏，导致螟虫死亡。

Bt蛋白杀虫原理示意图

叶片吃到体内的时候会破坏害虫的消化道，从而杀死害虫。通过这个方法，农药的使用率被极大地降低，产量得到提高，并且在农业生产的过程中对人工的需求得以减少。尤其是在病虫害严重的年份，使用Bt玉米来防止大量的作物损失势在必行。由于可减少农药用量，又能获得更高的产量，种植Bt玉米给农民带来的直接经济效益非常可观。

除了抗虫的Bt玉米、Bt棉花，其他基因也被插入到一些水果蔬菜中。20世纪90年代，木瓜的主产地之一——夏威夷岛的木瓜产业曾经面临很严峻的挑战，大量木瓜植株受到环斑病毒感染而受害。在那之后，抗病毒的转基因木瓜被研制出来，色泽橙黄、品质优良的木瓜被生产出来。转基因技术不仅被应用于植物，也被应用在动物当中以提高食品质量。

转基因三文鱼是目前在北美地区已经准备好进行商业化生产的食品之一，但尚未被批准销售。转基因三文鱼的原理是截取一段来自比目鱼的基因，植入三文鱼从而增加其生长速度。经过转基因的三文鱼生长速度是一般三文鱼的4~6倍。与此同时，转基因的三文鱼肉脂肪含量比较低，低脂肪的产品也会受到一些消费者的欢

转基因三文鱼

迎。其实，转基因的三文鱼成熟时并不会比普通三文鱼的个头大，不过因为经过转基因之后成长速率高，在18个月时转基因三文鱼的个头是普通三文鱼的五倍，并且所需要的食物比普通三文鱼少20%。于是三文鱼在一年之内就可以进入销售市场，而一般非转基因的成熟期是三年。不仅三文鱼，研究人员也在研究在别的鱼种中实现这种快速成长的基因植入。研发这种转基因鱼类的公司声称这类鱼不能繁衍后代，所以也就不存在逃脱之后与野生的普通三文鱼交配造成

这种快速生长的基因在野生鱼种中的传递。

转基因的隐患

有人担心，当农民把某种转基因农作物大规模种植在田间的时候，有可能发生基因的飘逸，对其周围的生态环境产生不利的影响。例如，抗除草剂的转基因作物中的抗除草剂基因，有可能会通过转基因作物和与它亲缘关系很近的野草的偶然杂交，使得一些本来需要被除去的杂草带上抗除草剂的能力。于是在进一步的农业耕种时，原来的除草剂既不会杀死抗除草剂的农作物，也不能杀死杂草。如果不注意，同一种的转基因以及非转基因作物毗邻而种，在开花传粉的时候也有可能进行基因传递。总之，转基因动、植物一旦开始大规模饲养或种植就很难防止新的基因进入自然界。当然也有方法去减少转基因作物造成的基因污染，就是在转基因作物和非转基因作物之间种植其他作物来隔离缓冲，而用于隔离缓冲的作物在收割之后会进行统一的处理，并不流入市场。还有一些作物，人类主要食用它们的根茎，不需要开花。于是可以通过在开花前收割作物来避免花粉的传播。基因污染的可能性和风险在不同国家和地区因为地理气候以及作物种类的不同而存在差别。在种植之前，应对当地的情况进行分析测定，以避免使当地生态环境发生巨大改变。

解除对转基因食品的过度担忧

转基因技术是整个生物工程技术中的一部分。在各国研究的转基因生物中有一部分是要用于生产人类的食品的。所以，探索转基因食品对人体的安全性必然是科学研究的第一个重点课题。

其中争议最大的一个问题就是，害虫吃了转Bt基因的玉米会死，那为什么人吃了就没事？科学家的回答是：向玉米细胞中转移进去的杀虫基因是从苏云金芽孢杆菌里分离出来的一段DNA，这个Bt基因编码的Bt蛋白在鳞翅目昆虫的消化道细胞膜上有一个特异性受体，它们结合之后就引起该细胞的坏死。所以，这个Bt蛋白对鳞翅目昆虫来说，就是一种毒蛋白，可以起到杀虫的作用。但是，对于其他的生物，包括人类、哺乳动物和鳞翅目以外的昆虫等绝大多数动物来说，因为他（它）们都没有那个

转基因耐贮藏西红柿

特异性受体，所以就不会受到Bt蛋白的任何影响。在转基因玉米粒中Bt蛋白含量极其微少（它是玉米粒包含的几百种蛋白质中的一种，而且它也不是玉米种子细胞里的贮藏蛋白质），在烹饪加热过程中它也会变性、被破坏。即使有极其微量的Bt蛋白随着转基因玉米进入人的胃肠，它也像其他任何普通蛋白质一样，会被消化酶完全分解掉，所以不会对人类产生任何影响。

事实上，苏云金芽孢杆菌已被发现了100多年，将其大量繁殖而制成的生物杀虫剂Bt制剂已安全地使用了70多年；大规模种植和利用Bt转基因玉米和棉花也已超过了15年。直到现在，还尚未有过Bt制剂或蛋白使人过敏的报告。

据《财经天下》周刊报道，2012年美国国内生产的94%的大豆和88%的玉米都是转基因作物，90%以上的油菜籽和甜菜都是转基因产品。爱荷华州玉米协会主席威廉姆松曾在接受该刊记者访问时说：他们美国人自己吃的玉米食品，包括后期加工成的玉米糖浆、麦片和爆米花等，都是来自转基因玉米。对待转基因食品特别慎重的欧盟委员会在欧盟食品安全局历经13年的审查确认安全之后，也终于批准了美国杜邦先锋公司的转基因玉米TC1507可以进入欧盟市场销售。

转基因大豆同样是安全的。因为从化学成分上说，转基因大豆和非转基因大豆榨出来的油没有任何区别。而且，世界上各个国家，包括中国和美国的民

转基因食品（GMO）标注

众都已经吃了多年的转基因大豆油。

各国的农业管理、食品与药品管理和环境保护机构都拥有自己的调查研究机构，而且还不断地从其他研究机构获取研究数据。多年的调查和研究表明，凡是能被批准上市的转基因作物和食品对人体和环境都不会有可见的危害。欧洲各国、日本、澳大利亚政府都规定，转基因食品必须加以标注，以满足人们的知情权和选择权；但是，世界上最大的转基因食品消费国——美国和加拿大都不要求给转基因食品加以标注。

2013年5月23日，美国参议院以71票对27票否决了要求转基因食品强制标注的提案。此前，2012年11月6日美国加利福尼亚州公民对类似的一个法案进行了全民投票，结果是53%对47%否决。这些结果意味着，美国的国会和民众的大多数选择了反对"强制标注转基因食品"。为什么会出现这种情况？美国人真的认为转基因食品是安全的吗？《财经天下》周刊报道的一位美国青年的说法或许可以代表多数美国人的想法："我对转基因不了解，有人说好有人说不好，所以我还是相信FDA（食品药品管理局）的判断。"一位美国教授也认为："通过各个国家批准上市、拿到安全证书的转基因产品是安全的。这是联合国粮农组织、世界卫生组织、欧盟食品安全局、美国农业部、食品药品管理局还有美国环境保护署的共识。"

进入生物技术新时代

诞生于20世纪80年代的转基因技术经过短短30年的发展，已成为新的科技革命的主体之一，相关研究的进展和突破大大加速了农业现代化的进程，适应着可用耕地和水资源日益紧缺、人口不断增加、生态环境压力持续加大、农业劳动力人口急剧下降、传统育种技术难以应对生产需要等严峻形势。

自从1994年美国农业部（USDA）和食品与药品管理局（FDA）批准了第一个转基因农作物——延熟保鲜转基因番茄进入市场开始，至2011年全世界已有29个国家展开了转基因作物的商业化生产，这其中有10个发达国家和19个发展中国家。种植转基因作物面积超过200万公顷的有9个国家，全世界总种植面积约1.6亿公顷，比1996年的160万公顷增加近100倍。按种植面积计算，全球75%的大豆、82%的棉花、32%的玉米和26%的油菜种植的都是转基因品种。按转基因作物的主要性状来说，抗除草剂是第一大目的：大豆、玉米、油菜、棉花、甜菜和苜蓿等的抗除草剂品种的总面积有9390万公顷，占全球转基因作物种植面积的59%；具有抗虫性状的转基因作物面积为2390万公顷，占总种植面积的15%；兼具2种或3种新性状的转基因作物种植面积约4220万公顷。短短20年来，农作物品种更新换代及种植业结构变革的速度可见一斑。所以有人认为，转基因技术是继工业革命、计算机革命之后的第三次技术革命。

美国是世界上最大的种植转基因作物的国家，2011年其转基因农作物种植面积达6900万公顷，约占全球转基因作物种植总面积的43%。转基因作物包括大豆、玉米、棉花、油菜、南瓜、番木瓜、苜蓿和甜菜等。2007年美国大豆产量的41%用于出口，其余用于国内消费（93%为食用）。美

转基因玉米

国每年生产玉米3.3亿吨，其中仅有17.5%用于出口，国内食用消耗占28.7%。在美国市场上，转基因食品已超过3000种，直接食用人数超过2亿人，20年来还未发现一例转基因食品的安全事故。

在欧洲，1987年比利时科学家就研究出了抗虫的转基因烟草，1994年就批准了抗除草剂的转基因烟草进行商业化种植。2011年西班牙、葡萄牙、捷克、波兰、罗马尼亚和斯洛伐克等6个欧盟国家种植了创纪录的11.45万公顷的转Bt基因抗虫玉米，比2010年增加了26%。

澳大利亚种植的棉花99.5%是转基因品种，其中的95%还是抗虫和抗除草剂的复合性状品种。这促使澳大利亚的棉花种植面积扩大到了史上最高值。

在发展中国家，巴西从2003年开始推动转基因作物发展，到2011年其转基因作物（主要包括大豆、玉米和棉花）种植面积已达3030万公顷，占全球总种植面积的19%，上升到全球第二位。同为金砖四国之一的印度，2011年转基因抗虫棉种植面积达1060万公顷，占其棉花种植总面积的88%，2002～2010年Bt棉花为印度农民增收94亿美元。非洲的南非、埃及和布基纳法索等国共计种植250万公顷的转基因作物，肯尼亚、尼日利亚以及乌干达等国也已开始试种转基因作物。

我国是世界上最早开展农业生物技术研究和应用的国家之一，在转基因技术储备方面已具坚实基础。我国政府已批准转基因棉花、番茄、甜椒、矮牵牛、杨树和番木瓜的商业化生产，但实际上只有转基因棉花和番木瓜进入了市场应用。与其他国家相比，我国转基因作物种植面积在世界上的排名已从2005年前的第四位，下降到2006年的第五位和2011年的第六位。

目前，转基因作物已在全球推广应用，在减少农药施用、降低病虫草害损失、保护环境、减少劳动力投入、使农产品优质高产、提高生产效率等方面都取得了实实在在的进展，获得了巨大的经济效益。2011年全球转基因作物种子销售额约为130亿美元，而转基因作物商业化产品年产值为1600亿美元。这说明转基因已是当今经济社会中一股迅猛发展、不可阻挡的强大洪流，我们应该因势利导、趋利避害，为人类社会发展做出贡献。

群星璀璨

生物科学是自然科学中的一部分，又是自然科学中最复杂、涉及因素最多、研究难度最大的一部分。生物学家不但必须具备广泛、渊博的多种生物学知识和技能，而且应该具备良好的物理学、化学甚至数学的基础，才能进行深入并富有成果的研究工作。

当代的生物科学和生物技术的种类之多，即使没达到"包罗万象（项）"，包罗千项也是有的了。在这从陆地到海洋、从太空到海沟、从宏观到微观、从远古到今天的广袤无垠的世界里，到处都存在着人类探寻生物奥秘的足迹，从事过生物科学和生物技术研究的人们也数以百万计。他们曾经攻占的突破口不计其数。

为了展示生物科技领域确实是一个广袤的空间，下面罗列出一百多年来历届诺贝尔医学／生理学奖的获得者，他们虽然都是生物科技方面攻城略地的英雄，占领了众多的突破口，但仍是浩瀚星空中屈指可数的几个星星。为什么呢？因为，1895年11月27日瑞典科学家A.B.诺贝尔留下了遗嘱，要把他的基金产生的利息的一部分奖给在生理学或医学界有最重大发现的人。所以，一百多年来诺贝尔奖除了授给物理学和化学领域的杰出科学家之外，只授给了众多生物科技分支中以医学为主的分支学科的杰出科

阿尔佛雷德·诺贝尔

学家（显然，整个生物科学和生物技术领域中一百多年来的杰出科学家绝不只是这100多位获奖者）。他们是：

1901年德国科学家贝林因发明血清疗法防治白喉和破伤风而获得第一届诺贝尔生理学／医学奖。

1902年美国科学家罗斯因发现疟原虫通过疟蚊传入人体的途径获得第二届诺贝尔生理学／医学奖。

1903年丹麦科学家芬森因发明光辐射疗法治疗皮肤病而获得第三届诺贝尔生理学／医学奖。（以下为简明起见，略去"诺贝尔生理学／医学奖"）

1904年俄国科学家巴甫洛夫因在消化生理学研究中做出的巨大贡献而获奖。

1905年德国科学家科赫因对细菌学的发展而获奖。

1906年意大利科学家高尔基和西班牙科学家拉蒙－卡哈尔因对神经系统结构研究的突出成就而获奖。

1907年法国科学家拉韦朗因发现疟原虫在致病中的作用而获奖。

1908年德国科学家埃尔利希因发明"606"药物、俄国科学家梅契尼科夫因对人体免疫性的研究而共同获奖。"606"是埃尔利希和他的助手做了上千次的试验，并通过临床证明的治疗性病梅毒的有效药物。

1909年瑞士科学家柯赫尔因对甲状腺的生理、病理及外科手术的研究而获奖。

1910年德国科学家科塞尔因研究蛋白质、核质的细胞化学而获奖。

1911年瑞典科学家古尔斯特兰德因研究眼睛的屈光学的成就而获奖。

1912年法国外科医生卡雷尔因发明人工心脏、缝合血管和器官移植等技术，救活许多病人而获奖。

1913年法国科学家里歇因对人体过敏性的研究而获奖。

1914年奥地利科学家巴拉尼因研究耳朵的前庭器官而获奖。

1915年德国科学家威尔施泰特因对叶绿素的化学结构研究取得的成果而获

得诺贝尔化学奖。

1919年比利时科学家博尔代因发现人体免疫力、建立新的免疫学诊断法而获奖。

1920年丹麦科学家克罗伊因发现毛细血管运动的调节机理而获奖。

1922年英国科学家希尔因发现肌肉生热、德国科学家迈尔霍夫因研究肌肉中氧的消耗和乳酸代谢的成果而共同获奖。

1923年奥地利科学家普雷格尔因有机物的微量分析法获诺贝尔化学奖。加拿大科学家班廷、英国科学家麦克劳德因发现胰岛素而共同获奖。

1924年荷兰病理学家爱因托芬因发现心电图机制而获奖。他从1891年开始研制心电图仪，记录了第一张病人的心电图。经过了20年的不懈努力，终于在1901年使心电图机可以成功地用于临床诊断。他发明的用P、Q、R、S、T等字母标出心电图上的波峰或波谷的方法一直沿用至今。

1926年瑞典科学家斯韦德贝里因发明高速离心机并用于高度悬浮物质的研究获诺贝尔化学奖。此后高速和超高速离心机是生命科学实验室常用的必备仪器。同年，丹麦医生菲比格因对癌症的研究而获奖。

1927年奥地利医生尧雷格因研究精神病学、治疗麻痹性痴呆的成功而获奖。

1928年法国科学家尼科尔因对斑疹伤寒的研究取得突破而获奖。

1929年英国科学家哈登和瑞典科学家奥伊勒-凯尔平因有关糖的发酵和酶在发酵中的作用研究而共同获得诺贝尔化学奖。荷兰科学家艾可曼因发现防治脚气病的维生素B$_1$、英国科学家霍普金斯因发现促进生长的维生素而共同获奖。

1930年德国科学家费歇尔因研究血红素和叶绿素，并合成了血红素而获诺贝尔化学奖。

美籍奥地利病理学家兰德施泰纳从1900年开始研究由于对血型生理缺乏了解而发生输血事故的原因，发现了人体的血型系统，以及人的4种血型具有一定的供受关系，于1930年获奖。

1931年德国科学家瓦尔堡因发现呼吸代谢中多种酶的性质和作用而获奖。

1932年英国科学家艾德里安因发现神经元的功能、英国科学家谢灵顿因发现中枢神经反射活动的规律而共同获奖。

摩尔根

1933年的诺贝尔生理学／医学奖首次授给了一位纯粹的生物学家，即美国细胞遗传学家摩尔根。他从1900年始在果蝇遗传实验中，证实了孟德尔因子的存在和孟德尔主张的遗传分离定律及自由组合定律，并发现了遗传基因定位在染色体上、遗传基因的连锁和互换定律，从而建立了染色体遗传-基因学说。

1934年美国科学家迈诺特、墨菲、惠普尔因发现治疗贫血病的肝制剂而共同获奖。

1935年法国科学家居里夫妇因合成人工放射性元素获诺贝尔化学奖，而生命科学和医学研究及临床诊断中经常用到人工放射性元素。德国科学家施佩曼因发现胚胎的组织效应而获奖。

1936年英国科学家戴尔、德国科学家勒维发现神经脉冲的化学传递机理而共同获奖。

1937年英国科学家霍沃思因研究碳水化合物和维生素C的结构，瑞士科学家卡勒因研究类胡萝卜素、核黄素、维生素A和维生素B的结构而共获诺贝尔化学奖；匈牙利科学家圣捷尔吉因研究维生素C的营养价值而获奖。

1938年比利时科学家海曼斯因发现呼吸调节中颈动脉窦和主动脉窦的作用而获奖。

1939年德国科学家多马克因发现磺胺的抗菌作用而获奖，但因纳粹政府的阻挠而放弃。

1943年丹麦科学家达姆因发现维生素K、美国科学家多伊西因研究维生素K的化学性质而共同获奖。

1944年美国科学家厄兰格和加塞因发现单一神经纤维的高度机能分化而共同获奖。

1945年芬兰科学家维尔塔宁因发明酸化法贮存青鲜饲料而获得诺贝尔化学奖。英国科

学家弗莱明、弗洛里、钱恩因发现青霉素及其临床效用而共同获奖。他们通过大量的实验观察到青霉菌培养液具有极强的杀菌力，进而提取出了其中的有效物质。

1946年美国科学家萨姆纳因发现酶结晶、美国科学家诺思罗普和斯坦利因制备出酶结晶和病毒蛋白质结晶而共获诺贝尔化学奖。美国科学家马勒因发现X射线辐照引起细胞变异而获奖。

1947年英国科学家罗宾森因研究生物碱和其他植物制品获诺贝尔化学奖。美国科学家科里夫妇因发现糖代谢过程中垂体激素对糖原的催化作用、阿根廷科学家奥塞因研究脑下垂体激素对动物新陈代谢的作用而共同获奖。

1948年瑞典科学家蒂塞利乌斯因研究电泳技术和吸附分析血清蛋白获诺贝尔化学奖。瑞士科学家米勒因合成高效有机杀虫剂DDT而获奖。

1949年瑞士科学家赫斯因发现中脑有调节内脏活动的功能、葡萄牙科学家

莫尼兹因发现脑白质切除治疗精神病的功效而共同获奖。莫尼兹还用了10年时间（1927~1937）创建了脑血管造影术（从颈动脉注入显影剂后进行X光照相，可用于检查脑脓肿或血肿、脑血管栓塞或畸形、区别恶性或良性肿瘤，为手术提供依据）。

1950年美国科学家亨奇因发现可的松治疗风湿性关节炎、美国科学家肯德尔和瑞士科学家赖希施泰因研究肾上腺皮质激素及其化学结构和生物效应而共同获奖。

1951年南非医生蒂勒因研究黄热病及其防治方法而获奖。

1952年美国科学家瓦克斯曼因人工合成出治疗肺结核的链霉素而获奖。

1953年美国科学家李普曼因发现辅酶A及其在中间代谢中的作用、英国科学家克莱布斯因阐明合成尿素的鸟氨酸循环和细胞呼吸的三羧酸循环而共同获奖。

1954年美国科学家恩德斯、韦勒、罗宾斯因培养小儿麻痹病毒成功而共同获奖。

1955年美国科学家迪维尼奥因首次合成多肽激素获诺贝尔化学奖。瑞典科学家西奥雷尔因发现生物氧化酶的性质和作用而获奖。

1956年德国医生福斯曼、美国医生理查兹、库尔南因发明心脏导管插入术和手术循环而共同获奖。1929年福斯曼第一次在自己身上试验，将橡皮导管经腋静脉进入右心室，并用X光观察照相的血管造影。此技术可用于诊断各种类型的心脏病。

1957年博维特因发明抗过敏反应特效药而获奖。

1958年美国科学家比德尔、塔特姆因对生物化学过程的遗传调节的研究和美国科学家莱德伯格有关细菌的基因重组及遗传物质结构方面的发现而共同获奖。

1959年美国科学家奥乔亚和科恩伯格因人工合成核酸，并发现其生理作用而共同获奖。

1960年澳大利亚科学家伯内特、英国科学家梅达沃因发现并证实动物抗体的获得性免疫耐受性而共同获奖。

1961年美国生物化学家卡尔文在20世纪50年代中后期发现植物光合作用中详细的化学过程，即"卡尔文循环"（植物的叶绿体在光下把CO_2固定并还原为碳水化合物的循环过程）而获得诺贝尔化学奖。美国科学家贝凯西因研究耳蜗感音的物理机制而获奖。

美国生物学家沃森和英国生物物理学家克里克在借鉴英国晶体学家威尔金斯有关试验的基础上，在1953年提出了脱氧核糖核酸（DNA）的双螺旋结构模型。这一发现堪称20世纪生物学最伟大的发现之一，成为分子生物学诞生的标志。他们三人在1962年共同获奖。

1963年澳大利亚科学家埃克尔斯，英国科学家霍奇金、赫胥黎因研究神经脉冲和神经纤维传递而共同获奖。

1964年美国科学家布洛赫、德国科学家吕南因发现胆固醇和脂肪酸的代谢而共同获奖。英国女科学家霍奇金在1956年精确地测定了维生素B_{12}的分子结

发现DNA结构的克里格和沃森

威尔金斯

构，并合成了维生素B_{12}（是抗恶性贫血的有效药物）。她还用X射线研究了青霉素等的分子结构，从而获得1964年的诺贝尔化学奖。

1965年法国科学家雅哥布、利沃夫、莫洛因发现体细胞的规律性活动而共同获奖。

1966年美国科学家哈金斯、劳斯因研究致癌原因及其治疗方法而共同获奖。

1967年美国科学家哈特兰因研究视觉和视网膜的生理功能、沃尔德因研究视觉心理、瑞典科学家格拉尼特因发现视网膜的抑制过程而共同获奖。

尼伦伯格

1968年美国科学家霍利、霍拉纳、尼伦伯格因成功解释遗传密码而共同获奖。

1969年美国科学家德尔布吕克、赫尔希和意大利生物学家卢里亚组成的小组因进行过著名的噬菌体实验，证明DNA就是遗传信息的物质载体而共同获奖。他们的成果直接导致了DNA双螺旋结构的发现，奠定了分子遗传学的基础。

1970年美国科学家阿克塞尔罗德、英国科学家卡茨、瑞典科学家奥伊勒因发现神经传递的化学基础而共同获奖。

1971年英国科学家萨瑟兰因在分子水平上阐明激素的作用机理而获奖。

1972年美国科学家埃德尔曼、英国科学家波特因对抗体化学结构的研究而共同获奖。美国科学家安芬森、穆尔、斯坦因研究核糖核酸酶的分子结构而共获诺贝尔化学奖。

1973年奥地利科学家弗里施、洛伦茨，英国科学家廷伯根因发现动物习性分类而共同获奖。

1974年比利时科学家克劳德、迪韦，美国科学家帕拉德因研究细胞的结构和功能组织而共同获奖。

1975年美国科学家杜尔贝科、特明、巴尔的摩因研究肿瘤病毒与遗传物质相互关系而共同获奖。

1976年美国科学家布卢姆伯格、盖达塞克因研究传染病及其起因而共同获奖。

1977年美国科学家耶洛因建立放射免疫分析方法，美国科学家吉耶曼、沙利因合成下丘脑释放因子而共同获奖。

特明

1978年瑞士科学家阿尔伯，美国科学家史密斯、内森斯因发现并应用DNA限制性内切酶而共同获奖。英国科学家米切尔因在生物细胞能量转化过程的研究中得到杰出成就而获得诺贝尔化学奖。

1979年美国科学家科马克、英国科学家豪恩斯费尔德因发明CT扫描技术而共同获奖。科马克从1955年起研究人体不同组织对X射线吸收量的数学公式，经过10多年的努力，终于解决了计算机断层扫描技术的理论问题；豪恩斯费尔德1972年第一次

巴尔的摩

将这一技术应用于病人脑部诊断，并继续研制出能摄出高分辨率图像的实用CT仪。CT的出现是诊断技术的重大突破，它能分辨出20多个组织层次，连血管中的血栓都能看到。

1980年美国科学家贝纳塞拉夫、斯内尔因创立移植免疫学和免疫遗传学，法国科学家多塞因研究抗原、抗体在输血及组织器官移植中的作用而共同获奖。

美国科学家伯格因研究操纵基因重组DNA分子，美国科学家吉尔伯特、英国科学家桑格因创立DNA结构的化学和生物分析法而共同获得诺贝尔化学奖。

1981年美国科学家斯佩里因研究大脑半球的功能，瑞典科学家维厄瑟尔、美国科学家休伯尔因研究大脑视神经皮层的功能、结构而共同获奖。

1982年瑞典科学家贝里斯特罗姆、萨米尔松，英国科学家文因对前列腺的

麦克林托克

切赫

奥尔特曼

化学与生物学研究而共同获奖。

1983年美国科学家麦克林托克因发现玉米DNA转座子（移动基因）而获奖。

1984年丹麦科学家耶纳、德国科学家克勒、阿根廷科学家米尔斯坦因发现生产单克隆抗体的原理而共同获奖。

1985年美国科学家布朗、戈尔茨坦因在胆固醇新陈代谢方面的贡献而共同获奖。

1986年美国科学家科恩因发现了说明细胞发育和分裂过程如何进行的表皮生长因子、意大利科学家莱维-蒙塔尔奇尼因发现神经生长因子而共同获奖。

1987年日本科学家利根川进因阐明人体怎样产生抗体抵御疾病而获奖。

1988年英国科学家布莱克因制成治疗冠心病的贝塔受体阻滞剂——心得安（普萘洛尔），美国科学家埃利翁、希钦斯因研制出不伤害人的正常细胞的抗癌药物而共同获奖。

1989年美国科学家毕晓普、瓦尔默斯因发现致癌基因是遗传物质而不是病毒而共同获奖。美国科学家切赫、加拿大科学家奥尔特曼因发现核糖核酸的催化功能，即发现了核酶而共同获得诺贝尔化学奖。

1990年美国医生默里因成功地完成第一例肾移植手术、美国医生托马斯因开创骨髓移植而共同获奖。托马斯在20世纪60年代末证实了骨髓移植的供体和受体的骨髓细胞的抗原必须尽可能相配，才能克服受体的排斥反应，给白血病患者带来生存的希望。

　　1991年德国科学家内尔、萨克曼因发现细胞中生物膜上的单离子通道功能，并发展出一种能记录极微弱电流通过单离子通道的技术而共同获奖。同年瑞士物理化学家恩斯特因对核磁共振光谱高分辨方法发展做出重大贡献获得诺贝尔化学奖，而此方法在医疗诊断中已被广泛应用。

　　1992年美国科学家费希尔、克雷布斯因发现逆转蛋白磷酸化可作为一种生物调节机制而共同获奖。

　　1993年英国科学家罗伯茨、美国科学家夏普因发现断裂基因而共同获奖。同年，美国科学家穆利斯因发明"聚合酶链式反应"法在分子生物学研究中取得重大突破，加拿大科学家史密斯因开创"寡聚核苷酸基定点诱变"方法共同获得诺贝尔化学奖。

　　1994年美国科学家吉尔曼、罗德贝尔因发现G蛋白及其在细胞中信号转导的作用而共同获奖。

　　1995年美国科学家刘易斯、维绍斯，德国科学家尼斯莱因-福尔哈德因发现了控制早期胚胎发育的重要遗传机理，并利用果蝇作为实验系统发现了同样适用于高等生物（包括人）的遗传机理而共同获奖。

1996年澳大利亚科学家多尔蒂、瑞士科学家青克纳格尔因发现细胞的中介免疫保护特性而共同获奖。

1997年美国科学家普鲁西纳因发现了一种全新的蛋白致病因子——朊蛋白，并在其致病机理的研究方面做出了杰出贡献而获奖。同年，美国科学家博耶、英国科学家沃克、丹麦科学家斯科因发现人体细胞内负责贮藏转移能量的离子传输酶而共同获得诺贝尔化学奖。

1998年美国科学家佛契哥特、伊格纳洛、慕拉德因发现一氧化氮可作为细胞信号传递体而共同获奖。

1999年美国科学家布洛贝尔发现蛋白质有内部信号决定蛋白质在细胞内的转移和定位而获奖。

2000年瑞典科学家卡尔松、美国科学家格林加德、奥地利科学家坎德尔因在人类脑神经细胞间信号的相互传递方面获得的重要发现而共同获奖。

2001年美国科学家哈特威尔，英国科学家亨特、洛斯因发现了细胞周期的关键分子调节机制而共同获奖。

2002年英国科学家布伦纳、苏尔斯顿，美国科学家霍维茨因选用线虫作为新的实验动物模型，发现了对细胞每一个分裂和分化过程进行跟踪的细胞图谱而共同获奖。

2003年美国科学家劳特布尔、英国科学家曼斯菲尔德因在核磁共振成像技术（MRI）领域的突破性成就而共同获奖。利用MRI使人体内氢的原子核与射频脉冲波产生核磁共振信号，经计算机数据处理，显示出组织器官和病灶的影像。MRI对人体无害，对软组织的显影比CT清晰。

2004年美国科学家阿克塞尔和巴克二人因气味的细胞受体和嗅觉系统组织方式的研究而获奖。

2005年澳大利亚科学家马歇尔、沃伦因发现胃的幽门螺旋杆菌以及该细菌对消化性溃疡的致病性机理而共同获奖。

科恩伯格

2006年美国科学家菲勒、梅洛因发现核糖核酸（RNA）干扰机制而共同获奖。同年，美国科学家科恩伯格曾将两种抗药基因拼接在一个质粒内，并得到可遗传的表达，从而在真核细胞转录的分子基础研究中做出了突出贡献而获得诺贝尔化学奖。

2007年美国科学家卡佩基、史密西斯，英国科学家埃文斯在干细胞的研究中做出重要发现而共同获奖。

2008年诺贝尔生理学／医学奖分别授予德国科学家豪森及两名法国科学家西诺西和蒙塔尼，以表彰他们在治疗子宫颈癌及人类免疫缺陷病毒病方面做出的贡献。同年，因发现和改造绿色荧光蛋白的突破性成就，美国科学家下村修、沙尔菲、钱永健共同获得诺贝尔化学奖。

2009年美国科学家布莱克本、格雷德以及绍斯塔克因发现端粒和端粒酶如何保护染色体而共同获奖。

2010年英国科学家爱德华因在试管婴儿方面的研究而获奖。

2011年美国科学家博伊特勒和法国科学家霍夫曼因他们在对于先天免疫机制激活的发现而获奖。加拿大科学家斯坦曼因他对于树突状细胞和其在后天免疫中的作用而获奖。

2012年英国科学家格登爵士和日本科学家山中伸弥因发现成熟细胞可被重新转化成多功能细胞而共同获奖。

2013年美国科学家罗斯曼、谢克曼和聚德霍夫因发现细胞泡交通的运行与调节机制而共同获奖。

结束语：
向攻占突破口的科学家学习

几百年来，无以计数的突破生物科技关隘的成功者们，不管诞生在哪个年代，也不管生活在哪个国家；无论是一帆风顺，还是一贫如洗、历尽坎坷的；也不论是学习优秀、幸运获奖的，还是饱经磨难、默默无闻的，他们虽然有不同的经历和遭遇，但是他们的成功之路却都有着共同的特点。

一、具有探索未知的强烈兴趣和积极用世的迫切愿望

兴趣是一个人走向事业成功的开始。可以说所有在生物科技领域做出过重大突破的人都对他（她）所从事的事业有着巨大的兴趣。当你对科学有好奇心时，所有的热情、执着就会被自然地激发出来。无穷无尽的兴趣引出了无数的问题"是什么？"、"为什么？"、"怎么办？"……在回答这些问题的过程中，你的才智会得到最大的发挥，你的能量会得到最大的释放……一个科学问题的突破就是自然而然的了。

美国著名的成功学教育家戴尔·卡内基说："并不是每个人都有挑战未知的心情和能力。有的人天生对未知的事物恐惧，他们不愿接受也不敢接受新的事物，他们安于活在一个自己给自己划定的狭小的空间里，过着止步不前的安静生活。有的人则像小猫一般充满好奇心，只有弄清楚未知的事物才让他们感到快乐和有意义。因此，要跨越认识的鸿沟，首先要培养对生活和工作的好奇心。"

两千多年前，著名的教育家孔子曾说过："知之者不如好知者，好之者不如乐之者。"大家熟知的爱因斯坦说得更具体："在学校和在生活中，工作最重要的动机是工作的乐趣，是工作获得结果时的快乐，以及对这个结果的社会

价值的认识。"曾获得诺贝尔化学奖的英国生物化学家桑格对此也有过中肯的论述：我们无法保证每天都是在做自己喜欢的各种工作，就算你有跳槽的本领，也不一定总能找到完全符合你兴趣的工作。因此，我们在面对自己不喜欢的工作时，也要保持一定的热情，让自己尽快把工作与兴趣结合起来。

有的人搞科学研究一直是由兴趣引导的，从不受研究领域的制约。2004年诺贝尔生理学／医学奖获得者阿克塞尔学生时代对文学感兴趣，考研究生时转向生物学，做博士后时研究病理生化，当了教授又用分子生物学方法研究解析大脑的功能，瞄准了一个科学解释人类行为的、神经生物学方面的突破口。与此同时，他又对嗅觉的发生机制产生了兴趣，与美国科学家巴克合作分离出了嗅觉基因，继而取得了更大的成功。

有的人搞科研一开始是由兴趣引导的，但是后来增添了责任心，继而责任心成为最主要的动力。大家熟知的袁隆平就是这样的人。他在小学时曾参观了一个农业园艺场，对瓜果花草产生了浓厚的兴趣，长大后就考上了农学院；做农校教师的时候，他对把月光花嫁接到红薯上的试验也很有兴趣。就在这时，他和全国人民一道遭遇了一场大饥荒。当时浮夸之风以排山倒海之势，扫荡着老百姓对正常生活仅存的一点希望。袁隆平亲眼看到饿死在路旁的尸体，他本人也被饿得走不动路。恰在此时（1960年7月）他偶然在安江农校的水稻田里发现了一株"鹤立鸡群"的天然奇异稻。从此，为了人民不再饥饿，为了世界不再饥饿，他创立杂交水稻事业并坚守了一辈子。

二、具备正确的方法，走上正确的道路

大多数成功者在少年时代都有一个很好的启蒙者，为他们开启了通向科学道路上的第一道门。1993年获诺贝尔生理学／医学奖的英国生物化学家罗伯茨回忆道：小时候校长常给他一些带有数学问题的小纸条，引导他走上热爱科学的道路。这不仅仅让他从校长那里学到一些具体的数学知识，更重要的是培养了他对科学的兴趣，养成了勇于向各种难题挑战的性格。这是比知识更为重要

的东西，成为他一辈子受用不尽的财富。

每一个人的个性都会有其独特之处，许多成功者的这种独特尤为突出。让一个有独特天分的人选择适合其自身发展的环境和道路，达到个人与事业的和谐，是每一个渴望成功的人在其成功之路上迈出的第一步。在这个过程中，老师、父母、学生自己都要做出积极的争取和努力。

刚进入生物学领域的年轻人，要注意选择好导师，以最佳方式进行学习、交流和研究。导师是杰出成就的诱发者。不少年轻的学者已有相当丰富的知识积累和较强的学习能力，他们在导师那里除了学习知识，关键还在于学习导师的思维方式、分析解决问题的方法、研究判断问题的标准、严肃认真和一丝不苟的科学精神，以及优良的传统、品德和作风。

生物科学和生物技术基本上都是试验科学，在这个领域的开拓者不但需要想象力，更加需要实际操作能力，即要有创新的实验设计能力、操作仪器设备的控制能力、敏锐细致的观察能力和良好的分析表达能力。这些能力都是在反复实践的磨练当中获得的。1904年诺贝尔生理学／医学奖获得者、俄国科学家巴甫洛夫对科学研究的方法有过精辟的论述："科学是随着研究方法获得成就而前进的。研究方法每前进一步，我们就更提高一步，随之在我们面前也就开拓了一个充满着种种新鲜事物的更辽阔的远景。因此，我们头等重要的任务是制定研究方法。"1901年诺贝尔物理学奖获得者伦琴的一句话，说出了科学研究的真相："试验是最强有力的杠杆，我们可以利用这个杠杆去撬开自然界的秘密。"

三、具有质疑和创新的品格

科学和技术的本质就是创新，创新是科学和技术的灵魂，是科学和技术永恒的主题。因为自然界是无限的，大自然的奥秘是无穷的，人类的重大发现和伟大的发明也只是在一定历史条件下的巨大突破，是人类认识自然、利用自然的一个个里程碑，而不是它的终点。在科学理性面前，不存在终极真理，也不存在绝对权威。

合理怀疑是科学理性的先锋，也是寻找和发现突破口的前导。怀疑精神是破除轻信和迷信，冲破旧传统观念束缚的一把利剑。怀疑的过程就是发现问题的过程。一个敢于怀疑的人，他的创新能力与他敏锐的察觉力和准确的判断力直接相关，而这些能力强的人总是能够捕捉到当代最新的科学前沿课题，并以最大的热情投入这一课题研究。

新思想是在对旧思想的否定中诞生的，真理是在同谬误的斗争中发展的。没有对物种不变论的怀疑和否定，就不可能有达尔文进化论的创立；没有对自花授粉植物缺乏杂种优势的怀疑和否定，就不可能有袁隆平杂交水稻的巨大成功。无数的事例说明，科研本身就是一个不断探索、推陈出新的过程。创新既是科研的目的，又是科研的成果。创新必须以实践为基础。要想创新，首先要尊重实践并积极参与实践，以实践为科学认识的来源、动力和标准。与此同时，丰富的想象力也是必不可少的。现实的世界只有一个，人类却通过想象力建构了许许多多的别样世界：远古世界、微生物世界、原子世界、互联网世界……1962年获得诺贝尔生理学／医学奖的克里格、沃森等人通过想象建立的DNA双螺旋结构模型促进了整个分子生物学及其众多应用技术大发展时代的到来。无怪无数年轻人崇拜的科学大神爱因斯坦早就说过：想象力比知识更重要。因为我们的知识是有限的，而想象力概括着世界上的一切，推动着进步，并且是知识进化的源泉。严格地说，想象力是科学研究中的实在因素。

四、具有百折不挠、顽强坚持的献身精神

古今中外无数科学家的经历告诉我们：在科学研究的过程中，遇到的困难比顺利多，付出的辛酸、劳累比收获多，意料之外的事情比能预料到的事情多，遭遇的失败比成功多。成功总是在失败、失败、再失败之后，仍然矢志不渝、坚持不懈地奋斗之后才得来的。

尽人皆知的大科学家居里夫人，从小就是个废寝忘食的读书迷，只要一拿起书就什么都忘了。她的学习成绩一直优秀，在中学时就掌握了5种语言。上大

学后，白天忙了一天，晚上还经常到图书馆去看书。图书馆10点关门后，回到家再继续学习，直到凌晨两三点钟。她把所有的时间都用在了学习和试验上，从不参加游玩，也不参加学校组织的舞会。在学生时代养成的刻苦勤奋的习惯，使她在此后的科研工作中所向披靡。在极其简陋的工棚里，居里夫人苦干了多少个日日夜夜，才从数吨的铀沥青中提取出0.1克的氯化镭！这是一种怎样的伟大呀！

与居里夫人同样伟大的爱因斯坦在评价居里夫人时说道："她一生中最伟大的科学功绩——证明放射性元素的存在，并把它们分离出来——所以能取得，不仅是靠着大胆的直觉，而且也靠着在难以想象的极端困难情况下工作的热忱和顽强。这样的困难，在试验科学的历史中是罕见的。"1934年7月4日，长期受到放射性物质伤害而患了白血病的居里夫人逝世。正如居里夫人自己所说："在成功的道路上，流的不是汗水，而是鲜血，他们的名字不是用笔而是用生命写成的。"

另一位传奇的女科学家是美国的玉米遗传学家芭芭拉·麦克林托克。她在20世纪40年代使用一种含有特殊染色体的玉米做试验，即通过将含有正常9号染色体的玉米植株和含有变异9号染色体的玉米植株进行杂交，发现了一种特殊的染色体交换。由此她提出了存在转座因子的假说。她不忽略试验中的反常现象，提出了一个挑战当时占统治地位观点的新理论来解释她的试验结果。这源自于她对客观真相怀有一种深深的敬畏之情。但是当时这一假说并未得到充分证明，所以许多人嘲笑她的想法。可是她没有动摇，坚持不懈地研究下去。直到10年以后，有人在细菌中发现了可移动遗传因子，她的理论才得到广泛认可。随着分子生物学的发展，她的洞察力越发受到尊重。1983年她为此获得诺贝尔生理学／医学奖时，已是81岁的老人了。由此可见，面对误解，面对怀疑，面对困难，坚持不懈、实事求是是唯一正确的选择。科学发现者，尤其是一位初出茅庐的发现者需要极大的勇气才能无视他人的冷漠和怀疑，才能坚信自己发现的意义，并能把研究继续下去，取得重大的突破。